WERKSTATTBÜCHER

FÜR BETRIEBSBEAMTE, KONSTRUKTEURE U. FACHARBEITER
HERAUSGEGEBEN VON DR.-ING. H. HAAKE VDI

Jedes Heft 50—70 Seiten stark, mit zahlreichen Textabbildungen
Preis: RM 2.— oder, wenn vor dem 1. Juli 1931 erschienen, RM 1.80 (10% Notnachlaß)
Bei Bezug von wenigstens 25 beliebigen Heften je RM 1.50

Die Werkstattbücher behandeln das Gesamtgebiet der Werkstatttechnik in kurzen selbständigen Einzeldarstellungen; anerkannte Fachleute und tüchtige Praktiker bieten hier das Beste aus ihrem Arbeitsfeld, um ihre Fachgenossen schnell und gründlich in die Betriebspraxis einzuführen.
Die Werkstattbücher stehen wissenschaftlich und betriebstechnisch auf der Höhe, sind dabei aber im besten Sinne gemeinverständlich, so daß alle im Betrieb und auch im Büro Tätigen, vom vorwärtsstrebenden Facharbeiter bis zum leitenden Ingenieur, Nutzen aus ihnen ziehen können.
Indem die Sammlung so den einzelnen zu fördern sucht, wird sie dem Betrieb als Ganzem nutzen und damit auch der deutschen technischen Arbeit im Wettbewerb der Völker.

Einteilung der bisher erschienenen Hefte nach Fachgebieten

(Fortsetzung 3. Umschlagseite)

WERKSTATTBÜCHER

FÜR BETRIEBSBEAMTE, KONSTRUKTEURE UND FACH-ARBEITER. HERAUSGEBER DR.-ING. H. HAAKE VDI

HEFT 4

Wechselräderberechnung für Drehbänke

unter Berücksichtigung der schwierigen Steigungen

Von

Ing. Emil Mayer

Berlin

Fünfte, verbesserte Auflage
des zuerst von **Georg Knappe** verfaßten Heftes
(31. bis 36. Tausend)

Mit 10 Abbildungen im Text
und 7 Tabellen

Springer-Verlag Berlin Heidelberg GmbH 1943

ISBN 978-3-662-27969-4   ISBN 978-3-662-29477-2 (eBook)
DOI 10.1007/978-3-662-29477-2

Inhaltsverzeichnis.

Zeichen und Abkürzungen.

$\approx$	= angenähert gleich,	Mod	= Modul,
1″ (engl.)	= 1 Zoll englisch,	π (pi)	= 3,14159,
Gg	= Gang oder Gänge,	⁰/₀₀	= vom Tausend,
Stg	= Steigung,	TR	= treibendes Rad oder treibende Räder.
Gstg	= Steigung des zu schneidenden Gewindes,		
		GR	= getriebenes Rad oder getriebene Räder.
Mstg	= Maschinen-Steigung,		

Einleitung.

Das vorliegende Heft[1] der Werkstattbücher wendet sich in erster Linie an den intelligenten Dreher[2]. Er soll in der Lage sein, sich die Wechselräder selbst ausrechnen zu können. Aber auch dem Meister und dem Betriebsingenieur wird es gute Dienste leisten. Besonders sei an dieser Stelle auf das Kapitel „Wechselräderberechnung für schwierige Steigungen" hingewiesen, in dem eine neue Art der Wechselradbestimmung veröffentlicht wird. Als einziges Hilfsmittel wird dazu eine Faktorentafel benötigt, die in dem Hefte enthalten und für den vorliegenden Verwendungszweck besonders hergerichtet ist: alle Primzahlen und alle Zahlen, deren größter Faktor größer als 127 ist, sind aus ihr fortgelassen.

Für alle Gewinde, deren Steigungen durch die Wechselräder nicht mathematisch genau, sondern nur angenähert bestimmt werden konnten, wurden die dadurch entstandenen Fehler angegeben. Bei Millimetergewinden usw. wurden die Fehler für die Bezugstemperaturen 0^0 und 20^0 gegenübergestellt.

Auf Wechselradtafeln wurde weniger Wert gelegt; denn selbst eine umfangreiche Tafelsammlung kann nicht alle die Möglichkeiten berücksichtigen, die sich durch die neuzeitlichen Drehbänke mit eingebautem Wechselräderkasten ergeben.

I. Vom Gewinde.

Wird auf einem sich gleichförmig drehenden Zylinder ein Punkt in Achsenrichtung gleichförmig fortbewegt, so entsteht eine Schraubenlinie. Dementsprechend entsteht ein Gewinde, wenn auf einem sich gleichförmig drehenden Zylinder durch ein in Achsenrichtung gleichförmig fortbewegtes Werkzeug eine Nute eingeschnitten wird.

Man unterscheidet rechtes und linkes Gewinde (Abb. 1 und 2). Ferner unterscheidet man je nach dem Gewindeprofil: Spitzgewinde (Abb. 1), Flachgewinde (Abb. 2 und 3), Trapez- oder Schneckengewinde (Abb. 4), Sägengewinde (Abb. 5) und Kordelgewinde (Abb. 6).

Gewindeprofil. Als Gewindeprofil ist derjenige Schnitt durch den Gewindegang anzusehen, den man sich durch die Achse der Schraube gelegt denkt. Man beachte, daß darunter also nicht der Schnitt rechtwinklig zum Gewindegang verstanden werden darf. Daher muß beim Gewindeschneiden auf der Drehbank der Schneidstahl genau auf Spitzenhöhe und seine Spanfläche (Brust) genau waagerecht, d. h. parallel und radial zur Achse stehen. Es entsteht sonst, selbst wenn der Gewindestahl eine genaue Form hat, ein verzerrtes ungenaues Gewindeprofil, wodurch die Gewindeflanken des Bolzens mit denen der Mutter nicht voll zur Anlage kommen. Beim Schneiden sehr stark steigender Gewinde ist diese Vorschrift nicht durchführbar, weil hierbei der Stahl so ungünstige Schnittwinkel haben müßte, daß ein sauberes Schneiden nicht möglich wäre. In solchem Falle hilft man sich dadurch, daß man beide Flanken und den Grund der Gewindelücke einzeln ausschneidet, auch wohl so, daß man den Stahl zwar rechtwinklig zum Gewindegang einstellt, ihn aber so formt (sog. Formstahl), daß trotzdem eine richtige Gewindeform entsteht. Die Form des Stahles ist zeichnerisch zu ermitteln[3].

---

[1] Die ersten 4 Auflagen wurden von GEORG KNAPPE (gest. 1. 1. 1942) verfaßt, sie sind 1921, 1927, 1936 und 1940 erschienen.

[2] Solche Leser, denen das Rechnen nach diesem Heft noch Schwierigkeiten macht, werden auf das Werkstattbuch 63: „Der Dreher als Rechner" hingewiesen.

[3] Näheres s. Heft 1 der Werkstattbücher: „Gewindeschneiden".

Steigung. Die Höhe, um die der Gewindegang bei einer Windung ansteigt, parallel zur Achse gemessen, heißt Ganghöhe oder besser Steigung. Es können innerhalb der Steigung auch mehrere Gewindegänge geschnitten werden. Man spricht dann je nach der Anzahl der Gewindegänge von doppeltem oder 2fachem, von 3fachem, 4fachem Gewinde usw. Zu beachten ist in diesem Falle, daß die Entfernung zweier nebeneinanderliegender Gewindegänge, die sog. Teilung, nicht mit der Steigung verwechselt werden darf, sondern daß die Steigung stets die

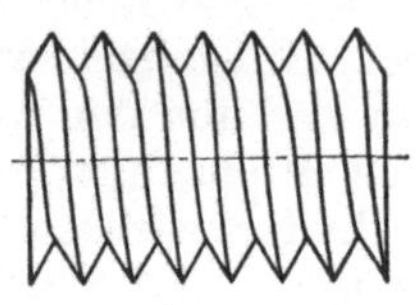

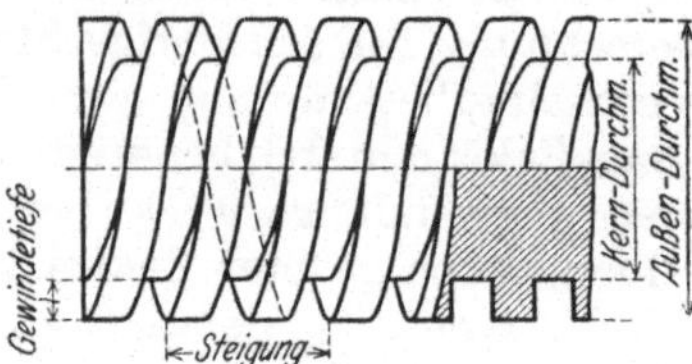

Abb. 1. Einfaches rechtes Spitzgewinde.   Abb. 2. Einfaches linkes Flachgewinde.   Abb. 3. Doppeltes linkes Flachgewinde.

Strecke ist, um die derselbe Gewindegang bei einer Windung auf dem Bolzen angestiegen ist (Abb. 3).

Die Steigungen werden bei metrischen Gewinden im Millimetermaß angegeben; bei Zollgewinden im Zollmaß, z. B. Steigung $= \frac{1}{8}''$; vielfach wird aber die Anzahl der Gänge genannt, die auf $1''$ geschnitten werden sollen, z. B. 8 Gang auf $1''$. Es ist klar, daß „8 Gang auf $1''$" dasselbe wie „$\frac{1}{8}''$ Steigung" bedeutet.

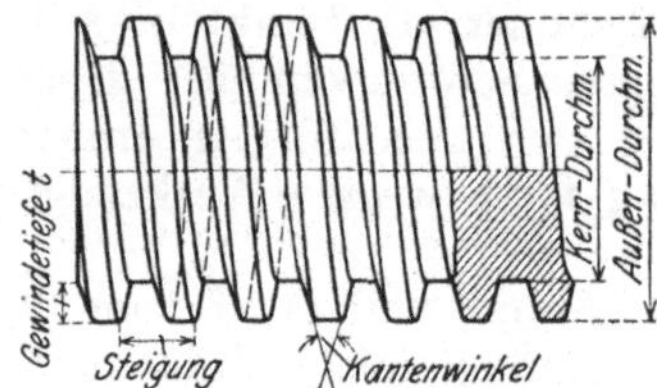

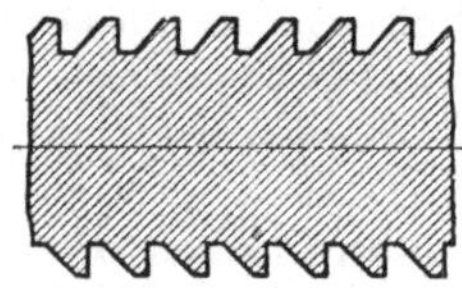

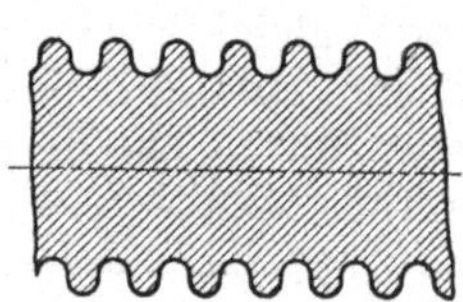

Abb. 4. Einfaches rechtes Trapezgewinde.   Abb. 5. Sägengewinde.   Abb. 6. Rund- oder Kordelgewinde.

Für Schneckengewinde werden die Steigungen vielfach in π mm angegeben. Denn um bei Zahnrädern für die Teilkreisdurchmesser volle Millimetermaße zu erhalten, werden die Teilungen so gewählt, daß sie ein Vielfaches von π bilden. Die Zahl π ist bekanntlich diejenige, mit der man den Durchmesser eines Kreises multiplizieren muß, um seinen Umfang zu erhalten. π ist gleich $3\frac{1}{7}$ oder $3{,}14$ oder noch genauer $3{,}1415927$.

Für Schneckenräder — und infolgedessen auch für die dazugehörigen Schnecken — werden häufig ebensolche Teilungen, bzw. Steigungen gewählt. Sie werden **Modulteilungen** oder **Modulsteigungen** genannt.

Es ist:

$$
\begin{aligned}
1 \text{ Modul} &= 3{,}14 \text{ mm} \\
2 \;\;,, &= 2 \times 3{,}14 = 6{,}28 \;\;,, \\
3 \;\;,, &= 3 \times 3{,}14 = 9{,}42 \;\;,, \quad \text{usw.}
\end{aligned}
$$

Schließlich gibt es sog. **Diametral-Pitch-Steigungen** (Diametral-Pitch, wörtlich: Durchmesserteilung). Sie sind aus demselben Grunde entstanden wie die Modulsteigungen: Man erhält durch sie bei Zahnrädern runde Maße für die Teilkreisdurchmesser, jedoch nicht im Millimetermaß, sondern im Zollmaß ausgedrückt. Pitch-Steigungen sind daher in den Ländern gebräuchlich, wo noch das englische Zoll-Maßsystem besteht. Während die Modulsteigungen ein Vielfaches von π mm bilden, sind die Pitch-Steigungen im Gegensatze dazu ein Teil von π engl. Zoll.

Es ist:

$$1 \text{ Pitch} = 3,14'' \text{ engl.}$$
$$2 \;\; ,, \;\; = \frac{3,14}{2} = 1,57'' \;\; ,,$$
$$3 \;\; ,, \;\; = \frac{3,14}{3} = 1,047'' \;\; ,, \;\; \text{usw.}$$

Zusammengefaßt sind folgende Gewindesteigungen am gebräuchlichsten:
1. Steigung in engl. Zoll.
2. Gangzahlen auf 1″ engl.
3. Steigung in mm.
4. Steigung in π mm oder Modulsteigung.
5. Steigung in Diametral-Pitch- oder kurz „Pitch-Steigung".

II. Über Drehbänke.

In früheren Zeiten waren die Drehbänke sehr einfacher Konstruktion. Sie hatten weder Leitspindel noch eine andere Einrichtung, um den Werkzeugschlitten selbsttätig zu bewegen. Der Dreher war gezwungen, diese Bewegung von Hand auszuführen. Wollte man an einer derartigen Maschine Gewinde schneiden, so bediente man sich eines Strehlers, der, auf eine Unterlage gestützt, gleichmäßig an dem sich drehenden Bolzen vorbeigeführt wurde. Dies erforderte eine große Geschicklichkeit, und trotz aller aufgewendeten Mühe wurden die Gewinde nicht so genau, wie sie heute benötigt werden. Später wurden die Maschinen mit Leitspindeln versehen, die zum Vorschub des Werkzeugschlittens beim Drehen sowohl wie für das Gewindeschneiden dienten. Die Leitspindeln hatten fast alle Zollgewinde; erst in neuerer Zeit gibt es auch viele mit Millimetergewinden. Heute dienen die Leitspindeln fast nur zum Gewindeschneiden.

Übersetzung durch Wechselräder. Zum Antriebe der Leitspindeln werden Zahnräder benutzt, die, weil sie für jede andere Steigung ausgewechselt werden müssen, Wechselräder genannt werden. In Abb. 7 ist ein Wechselradantrieb schematisch dargestellt. Rad a und c sind die treibenden Räder, b und d die getriebenen. a sitzt auf der Arbeitspindel, d auf der Leitspindel, b und c auf dem Scherenbolzen. Diesen Antrieb nennt man, da er durch zwei Räderpaare hergestellt wird, eine

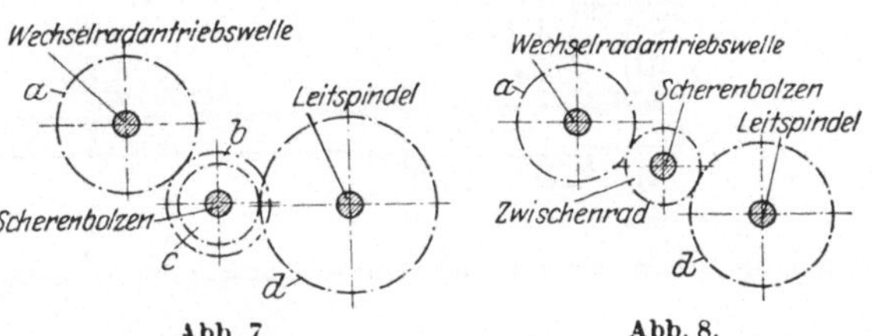

Abb. 7.   Abb. 8.

doppelte Übersetzung. Es gibt viele Übersetzungen, die durch nur zwei Räder bestimmt sind. In diesem Falle wird für b und c ein einziges, beliebig großes Rad gesetzt (Abb. 8). Natürlich müssen in diesem Falle die beiden Räder a und d in derselben Ebene liegen, was dadurch erreicht wird, daß auf die Leitspindel und auf den Scherenbolzen entsprechende Zwischenbüchsen gesetzt werden. Die Größe des Zwischenrades ist völlig bedeutungslos, weil das getriebene Rad vom Zwischenrade in derselben Zeit um ebenso viele Zähne weiterbewegt wird wie das Zwischenrad vom treibenden Rade. Eine solche Übersetzung heißt einfache Übersetzung. Sie wird immer angewandt, wenn sich die Übersetzung durch ein Räderpaar bestimmen läßt.

Jeder Drehbank wird ein Satz Wechselräder mitgegeben. Die Wechselräder, die nach DIN 781 genormt sind, steigen um eine gewisse Zähnezahl an. In unseren weiteren Betrachtungen rechnen wir mit einem Satz, der aus den Zähnezahlen von 25 bis 130, von 5 zu 5 steigend, besteht. Bei der Wahl der Räder sind die

Achsenabstände von der Wechselradantriebswelle und dem Scherenbolzen zur Leitspindel zu berücksichtigen.

Herzhebel. Bei neueren Drehbänken setzt man das erste treibende Wechselrad nicht mehr auf die Arbeitsspindel, sondern auf eine Zwischenwelle, Wechselradantriebswelle genannt. Diese erhält ihren Antrieb von der Arbeitspindel durch besondere Zwischenräder. Meistens wird die Übertragung durch ein Wendegetriebe, durch einen sog. Herzhebel, hergestellt. Dieser dient dazu, der Wechselradantriebswelle und damit der Leitspindel entweder eine rechte oder eine linke Drehbewegung zu geben, wodurch dann rechtes oder linkes Gewinde geschnitten werden kann. In Abb. 9 bilden die Räder F und E nebst Zwischenrädern das

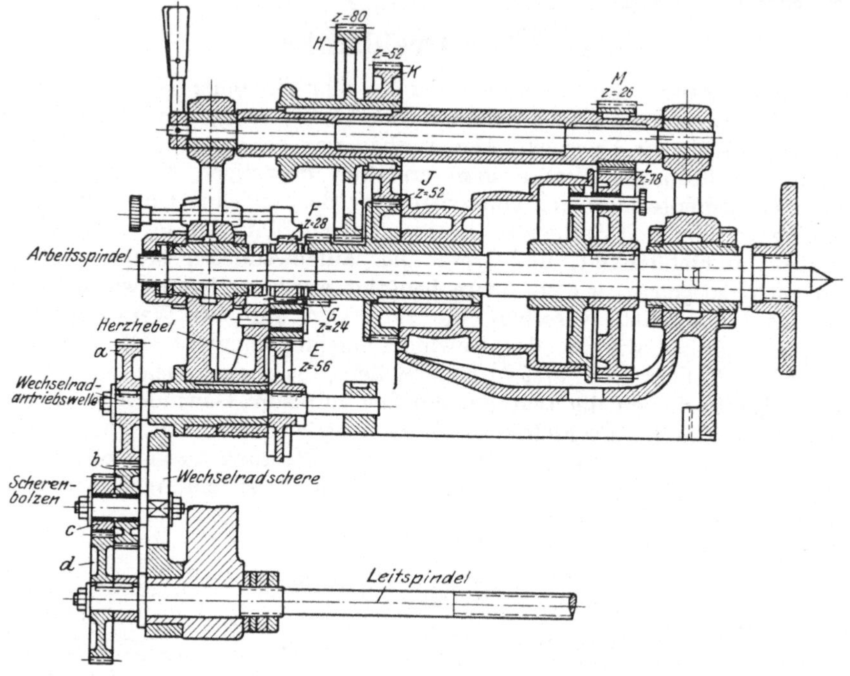

Abb. 9. Spindelkasten mit Herzhebelübersetzung 2 : 1 und Vorgelegeübersetzung 3 :1 bzw. 10 : 1 (vgl. Fußnote S. 8).

Wendegetriebe. Die Räder G, H, J, K, L, M sind Vorgelegeräder, die bei manchen Drehbänken zum Schneiden starksteigender Gewinde zur Übersetzung mitbenutzt werden (s. das betreffende Kapitel auf S. 34).

Steht die Übersetzung dieses fest eingebauten Getriebes nicht im Verhältnis von 1 zu 1, d. h. dreht sich die Wechselradantriebswelle nicht genau so oft wie die Arbeitspindel, sondern schneller oder langsamer, so muß diese Übersetzung bei der Wechselrad-Berechnung berücksichtigt werden.

Leitspindelsteigung und Maschinensteigung. Häufig sind zwischen der Arbeitspindel und der Leitspindel mehrere fest eingebaute, also nicht auswechselbare Übersetzungen vorhanden. Sie sind manchmal kaum übersehbar. Es werden sehr viele Räder zur Übertragung benutzt, besonders dann, wenn die Maschine einen Vorschubräderkasten besitzt; auch liegen sie meist versteckt hinter Schutzkappen usw., so daß es unmöglich ist, die Zähnezahlen zu ermitteln. Alle diese Übersetzungsräder müssen jedoch ebenso wie die Herzhebelräder bei der Wechselradberechnung berücksichtigt werden. Man schneide zu diesem Zwecke mit einer Wechselradübersetzung von 1 : 1 ein Probegewinde. Die so erhaltene, durch Messen festgestellte Steigung ist dann bei der Berechnung der Wechselräder zu benutzen. Diese Steigung wird mit der Leitspindelsteigung übereinstimmen, wenn die Maschine keine fest eingebaute Übersetzung hat. Ein anderer, besserer Weg, die in Rechnung zu stellende Leitspindelsteigung zu ermitteln, ist folgender: Man stecke zwei Wechselräder von gleicher Zähnezahl auf (Zwischenrad beliebig), dann schließe man das Leitspindelschloß und entferne den toten Gang durch Ziehen am Riemen. Nun bezeichne man die Stellung des Werkzeugschlittens auf dem Bett und die Stellung der Arbeitspindel, was durch einen Kreidestrich am großen Rade und seiner Schutzkappe geschehen kann. Dann drehe man die Arbeitspindel durch Ziehen am Riemen genau einmal herum, was durch das Zeichen am großen Rade zu beobachten ist. Mißt man nun die Strecke, die der Schlitten auf dem Bett zurückgelegt hat, so erhält man die in Rechnung zu stellende Leitspindelsteigung. Um leicht ein genaues Ergebnis zu erhalten, ist es zu empfehlen, die Arbeitspindel nicht nur einmal zu drehen, sondern öfter, z. B. zehnmal, und dann die zurückgelegte Strecke des Schlittens durch 10 zu teilen, um den gewünschten Wert zu erhalten. In unseren weiteren Betrachtungen wollen wir die so ermittelte, zur Berechnung der Wechselräder zu benutzende Steigung „Maschinensteigung" nennen, im Gegensatz zur eigentlichen Leitspindelsteigung.

Wenn also beispielsweise im folgenden von einer Maschinensteigung von 6 mm gesprochen wird, so kann die Drehbank eine Leitspindel von 6 mm Steigung und keine Zwischenräder oder Zwischenräder mit einer Übersetzung von 1 : 1 haben; sie kann aber z. B. auch eine Leitspindel von 12 mm Steigung haben mit einer Herzhebelübersetzung von 2 : 1. Sie könnte ferner eine Spindel von 9 mm Steigung haben mit einer Übersetzung im Spindelkasten von 2 : 1 und einer weiteren Übersetzung im Vorschubräderkasten von 3 : 4. In allen drei Fällen ist die Maschinensteigung, d. h. die für die Wechselradbestimmung in Rechnung zu stellende Steigung = 6 mm. — Entsprechendes gilt für Drehbänke mit Leitspindeln, die Zollsteigung haben.

III. Berechnung der Wechselräder.

A. Ableitung des Rechnungsganges.

Wie schon im ersten Abschnitt gesagt wurde, entsteht ein Gewinde, indem auf einem sich gleichförmig drehenden Zylinder mit einem in Achsenrichtung gleichförmig fortbewegten Schneidstahle eine Nute eingeschnitten wird. Beim Schneiden auf der Drehbank wird der Stahl mit dem Werkzeugschlitten gleichförmig fortbewegt, und zwar ist die Gleichförmigkeit der Bewegung durch die durch Wechselräder getriebene Leitspindel gewährleistet. Die Größe der Bewegung für jede Umdrehung der Arbeitspindel muß natürlich der gewünschten Steigung entsprechen. Es sind also für jede Steigung die Wechselräder zu bestimmen, wobei die Maschinensteigung, d. h. die Steigung der Leitspindel einschließlich des Übersetzungsverhältnisses der Zwischenräder, berücksichtigt werden muß. Soll auf einer Drehbank, deren Leitspindel eine Steigung von 12 mm hat und die keine Übersetzungsräder besitzt, also auch eine Maschinensteigung = 12 mm hat, ein Gewinde von ebenfalls 12 mm Steigung geschnitten werden, so ist klar, daß sich die Leitspindel ebenso schnell wie die Arbeitspindel drehen muß. Daraus folgt weiter, daß das treibende und getriebene Wechselrad gleiche Zähnezahlen haben müssen.

Soll dagegen auf derselben Drehbank ein Gewinde von 24 mm Steigung hergestellt werden, so muß sich der Werkzeugschlitten bei einer Umdrehung der

Arbeitspindel natürlich um 24 mm fortbewegen, d. h. die Leitspindel, die 12 mm Steigung hat, muß zwei Umdrehungen machen. Es ist leicht einzusehen, daß dies erreicht wird, wenn das Rad an der Leitspindel halb so viele Zähne hat wie das treibende Rad an der Arbeitspindel. Allgemein geht daraus hervor, daß die Zähnezahlen der Zahnräder, die zwei Wellen verbinden, sich umgekehrt verhalten müssen wie ihre Umdrehungszahlen. Soll sich, wie im vorliegenden Falle, die Arbeitspindel einmal drehen und die Leitspindel zweimal, verhalten sich also die Umdrehungszahlen der Arbeitspindel zur Leitspindel wie 1 zu 2, so müssen sich die Zähnezahlen der beiden Räder umgekehrt, also wie 2 zu 1 verhalten. Diese Entwicklung, mit der sich jeder Anfänger vertraut machen muß, erklärt folgenden Leitsatz:

Die Zähnezahl des treibenden Rades verhält sich zur Zähnezahl des getriebenen Rades wie sich die Umdrehungszahlen der Leitspindel zu den Umdrehungszahlen der Arbeitspindel verhalten, also wie die Steigung des zu schneidenden Gewindes zur Maschinensteigung. In Bruchform geschrieben:

$$1.\ \text{Leitsatz:}\quad \frac{\text{Treibendes Rad}}{\text{Getriebenes Rad}} = \frac{\text{Umdrehungen der Leitspindel}}{\text{Umdrehungen der Arbeitspindel}} = \frac{\text{Zu schneidende Steigung}}{\text{Maschinen-Steigung}}.$$

Der Bruch $\dfrac{\text{Treibendes Rad}}{\text{Getriebenes Rad}}$ wird als „Räderverhältnis" bezeichnet[1]. — Auf unser Beispiel angewendet ist: $\text{Räderverhältnis} = \dfrac{\text{Treib. Rad}}{\text{Getrieb. Rad}} = \dfrac{2}{1}$.

Das Räderverhältnis der Wechselräder wird also als ein Bruch dargestellt, in dem der Zähler (wie man die Zahl über dem Bruchstrich nennt) dem treibenden und der Nenner (wie die Zahl unter dem Bruchstrich genannt wird) dem getriebenen Rade entspricht. Um auf brauchbare Zähnezahlen zu kommen, müssen die Zahlen „2" und „1" vergrößert, oder, wie man sagt: der Bruch muß erweitert werden. Ebenso wie man einen Bruch erweitern kann, ohne seinen Wert zu verändern, indem man Zähler und Nenner mit ein und derselben Zahl multipliziert, können auch die Zahlen, die das Verhältnis der Wechselräder ausdrücken, mit ein und derselben Zahl multipliziert werden. Diese Zahl ist so zu wählen, daß Zähnezahlen entstehen, die in dem vorhandenen Wechselradsatze vorkommen. Nehmen wir an, wir multiplizieren Zähler und Nenner mit „30", so folgt: $\dfrac{\text{Treib. Rad}}{\text{Getrieb. Rad}} = \dfrac{2\times 30}{1\times 30} = \dfrac{60}{30}$.

Auf die Wechselradbüchse der Räderschere ist ein beliebig großes Zwischenrad zu stecken (s. Abb. 8, S. 5).

Die Zähnezahl des Rades auf der Arbeitspindel muß also 60 betragen, wenn das Rad an der Leitspindel 30 Zähne hat. Wir sehen also, daß dieses rechnerisch gefundene Ergebnis genau mit dem oben überlegten übereinstimmt, daß nämlich das Rad auf der Arbeitspindel doppelt so viel Zähne haben muß wie das auf der Leitspindel.

---

[1] In DIN 868 ist der Begriff „Übersetzungsverhältnis" genormt als das Verhältnis der Umdrehungen in der Richtung des Kraftflusses, also $\dfrac{\text{Umdr. d. treib. Rades}}{\text{Umdr. d. getr. Rades}}$ bzw. hier $\dfrac{\text{Umdr. d. Arbeitspindel}}{\text{Umdr. d. Leitspindel}}$. Das ist aber der Kehrwert (reziproke Wert) des oben festgelegten Begriffes „Räderverhältnis". Also sind „Übersetzungsverhältnis" und „Räderverhältnis" Kehrwerte voneinander. Bezeichnet man das Räderverhältnis mit k und das Übersetzungsverhältnis gemäß DIN 868 mit i, so ist

$$i = \frac{1}{k} \qquad \text{bzw.} \qquad k = \frac{1}{i}.$$

Natürlich kann der Bruch auch mit jeder anderen Zahl erweitert werden, man hat immer nur zu beachten, daß die Zähnezahlen. die man erhält, in dem Wechselradsatze vorhanden sind. Erweitert man z. B. den Bruch mit „40‘, so erhält man für die Räder 80 und 40 Zähne, erweitert man mit „45“, so erhält man für die Räder 90 und 45 Zähne. Diese Zähnezahlen sind sämtlich in unserem Satze, den wir uns von 25 bis 130, von 5 zu 5 steigend, dachten, enthalten. Multipliziert man dagegen den Bruch z. B. mit „43“, so würde man für die Räder 86 und 43 bekommen, die in dem Satze nicht vorkommen und deshalb nicht brauchbar sind.

Häufig ergeben sich Räderverhältnisse, die durch zwei Räder und ein beliebig großes Zwischenrad nicht ausgedrückt werden können. Ist z. B. das Verhältnis 2/15 in Räder umzusetzen, und erweitert man mit der Zahl „15“, so erhält man:

$$\frac{\text{Treib. Rad}}{\text{Getrieb. Rad}} = \frac{2}{15} = \frac{30}{225}.$$

Ein Rad mit 225 Zähnen ist in unserem Satze nicht enthalten. In solchen Fällen ist daher der Bruch in eine andere Form zu bringen. Man zerlegt ihn gewissermaßen in zwei Brüche, indem Zähler und Nenner in Faktoren zerlegt werden. Dann erst erweitert man Zähler und Nenner so, daß brauchbare, d. h. in dem vorhandenen Satze enthaltene Zähnezahlen entstehen, also

$$\frac{\text{Treib. Räder}}{\text{Getrieb. Räder}} = \frac{2}{15} = \frac{1 \times 2}{3 \times 5} = \frac{1(\times 30) \times 2(\times 20)}{3(\times 30) \times 5(\times 20)} = \frac{30 \times 40}{90 \times 100}.$$

Die Räder mit 30 und 40 Zähnen sind die treibenden und entsprechen den Rädern a und c in Abb. 9, während die beiden anderen mit 90 und 100 Zähnen als getriebene Räder aufzustecken sind, entsprechend b und d in Abb. 9.

Es ist nicht nötig, daß die zufällig untereinanderstehenden Zähler und Nenner mit derselben Zahl multipliziert werden, es kann auch wie folgt verfahren werden:

$$\frac{\text{Treib. Räder}}{\text{Getrieb. Räder}} \left(= \frac{\text{TR}}{\text{GR}} \right) = \frac{1 \cdot 2}{3 \cdot 5} = \frac{1 (\times 25) \cdot 2 (\times 35)}{3 (\times 35) \cdot 5 (\times 25)} = \frac{25 \cdot 70}{105 \cdot 125}.$$

Man beachte aber, daß immer ein Faktor im Zähler und ein Faktor im Nenner mit derselben Zahl multipliziert wird, wobei die Faktoren des Zählers untereinander und ebenso des Nenners untereinander vertauscht werden können.

Hat man bei der Rechnung ein Verhältnis erhalten, das nicht aus ganzen Zahlen besteht, so ist zu empfehlen, den Bruch auf ganze Zahlen zu erweitern und dann zu kürzen, bevor man die Wechselräder wählt. Wie man einen Bruch erweitert, haben wir eben gesehen; man kürzt ihn, indem man Zähler und Nenner durch ein und dieselbe Zahl teilt oder „dividiert“. Hat man z. B. erhalten:

$$\frac{\text{TR}}{\text{GR}} = \frac{17{,}5}{10},$$

so ändere man, indem man die Zahlen über und unter dem Bruchstrich mit 10 multipliziert und dann durch 25 dividiert. Dann wähle man die Räder, indem man die Zahlen über und unter dem Strich mit einer Zahl multipliziert, so daß man Zähnezahlen erhält, die in dem vorhandenen Satze enthalten sind:

$$\frac{\text{TR}}{\text{GR}} = \frac{17{,}5}{10} = \frac{175}{100} = \frac{7}{4} = \frac{7(\times 15)}{4(\times 15)} = \frac{105}{60}.$$

Bei der Wahl der Räder ist darauf zu achten, daß sie nicht an den Scherenbolzen bzw. an die Leitspindel anstoßen. Die Räder dürfen auch nicht zu klein gewählt werden, weil sie sonst nicht zusammengehen; sie dürfen auch nicht zu groß sein, weil bei manchen Drehbänken die Räderschere dafür nicht ausreicht. Man wähle aber lieber größere Räder, um eine günstige Übertragung der Kräfte zu bekommen.

B. Berechnung für Leitspindel mit Zollsteigung.

1. Wechselräder für Zollsteigungen.

Nach unserem Leitsatze ist:

$$\frac{TR}{GR} = \frac{\text{Zu schneidende Steigung}}{\text{Maschinensteigung}}.$$

1. Beispiel. Auf einer Drehbank mit einer Maschinensteigung von $1/4''$ soll ein Gewinde von $3/8''$ Steigung geschnitten werden. Es ist nach obigem Leitsatze:

$$\frac{TR}{GR} = \frac{3/8}{1/4}.$$

Man erweitere den Bruch zunächst so, daß ganze Zahlen entstehen; in diesem Falle multipliziere man mit „8".

Es folgt daraus: $\dfrac{TR}{GR} = \dfrac{3/8 \cdot 8}{1/4 \cdot 8} = \dfrac{3}{2}.$

Man kann auch so verfahren, daß man erst mit dem einen Nenner, also mit „8", und dann mit dem anderen, also mit „4" multipliziert:

$$\frac{TR}{GR} = \frac{(3/8 \cdot 8) \cdot 4}{8 \cdot (1/4 \cdot 4)} = \frac{3 \cdot 4}{8 \cdot 1}.$$

Kürzt man den Bruch, so erhält man wie oben:

$$\frac{TR}{GR} = \frac{3 \cdot 4}{8 \cdot 1} = \frac{3}{2}.$$

Nunmehr wähle man die Räder:

$$\frac{TR}{GR} = \frac{3(\times 25)}{2(\times 25)} = \frac{75}{50} \text{ oder } \frac{TR}{GR} = \frac{3(\times 30)}{2(\times 30)} = \frac{90}{60} \text{ oder } \frac{TR}{GR} = \frac{3(\times 40)}{2(\times 40)} = \frac{120}{80}.$$

Alle so erhaltenen Räderpaare ergeben das Räderverhältnis 3/2, erzeugen infolgedessen die gewünschte Steigung von $3/8''$.

Das Rad über dem Bruchstrich ist das treibende und es ist infolgedessen auf die Wechselradantriebswelle zu stecken (Rad „a" in Abb. 8). Das Rad unter dem Bruchstrich ist das getriebene und muß auf die Leitspindel gesteckt werden (Rad „d" in Abb. 8). Das Zwischenrad kann beliebig viele Zähne haben.

Probe: Es ist zu empfehlen, jedesmal zu prüfen, ob man richtig gerechnet hat. Für den mathematisch etwas geschulten Leser ist es ein leichtes, die Gleichung:

$$\frac{TR}{GR} = \frac{\text{Zu schneidende Steigung}}{\text{Maschinensteigung}}$$

so umzustellen, daß man die zu schneidende Steigung aus den übrigen Zahlen errechnen kann. Die Gleichung nach algebraischen Regeln umgeformt lautet:

$$\textbf{Zu schneidende Steigung} = \frac{\textbf{TR}}{\textbf{GR}} \times \textbf{Maschinensteigung.}$$

In unserem Beispiele muß also sein:

$$\text{Zu schneidende Steigung} = \frac{120}{80} \cdot \frac{1''}{4} = \frac{3}{2} \cdot \frac{1''}{4} = \frac{3''}{8}.$$

Da wir als Ergebnis wieder $3/8''$ Steigung erhalten, ist der Beweis erbracht, daß die Rechnung richtig war.

2. Beispiel. Auf einer Drehbank mit einer Maschinensteigung von $1/2''$ ist ein Gewinde von $7/16''$ Steigung zu schneiden.

1. Leitsatz: $\dfrac{TR}{GR} = \dfrac{\text{Zu schneidende Steigung}}{\text{Maschinensteigung}}.$

Es ist also: $\dfrac{TR}{RG} = \dfrac{7/16}{1/2} = \dfrac{7/16(\times 16)}{1/2(\times 16)} = \dfrac{7}{8} = \dfrac{70}{80}.$

Um auf ganze Zahlen zu kommen, ist mit „16" multipliziert worden, dann wurde mit „10" erweitert", um geeignete Räder zu erhalten

$$\text{Probe: } \text{Zu schneidende Steigung} = \frac{TR}{GR} \times \text{Masch.-Steigung} = \frac{70}{80} \times \frac{1''}{2} = \frac{7''}{16}.$$

3. Beispiel. Für eine Drehbank mit $^1/_6{''}$ Maschinensteigung sollen Wechselräder für $1^1/_8{''}$ Steigung berechnet werden.

$$\frac{TR}{GR} = \frac{1^1/_8}{^1/_6} = \frac{(1^1/_8 \times 8) \cdot 6}{8 \cdot (^1/_6 \cdot 6)} = \frac{9 \cdot 6}{8 \cdot 1} = \frac{27}{4}.$$

Für dieses Verhältnis kommt man mit 2 Rädern nicht aus, man zerlege und erweitere daher wie folgt:

$$\frac{TR}{GR} = \frac{27}{4} = \frac{9 \cdot 3}{4 \cdot 1} = \frac{9(\times 10) \cdot 3(\times 25)}{4(\times 10) \cdot 1(\times 25)} = \frac{90 \cdot 75}{40 \cdot 25}.$$

Probe:

$$\text{Zu schneidende Steigung} = \frac{TR}{GR} \times \text{Masch.-Steig.} = \frac{90 \cdot 75}{40 \cdot 25} \times \frac{1''}{6} = \frac{27 \cdot 1}{4 \cdot 6} = \frac{9}{8} = 1^1/_8{''}.$$

4. Beispiel. Es ist ein Gewinde von $^2/_9{''}$ Steigung zu schneiden. Die Maschinensteigung ist 3 Gg. auf 1$''$.

$$\frac{TR}{GR} = \frac{^2/_9}{^1/_3} = \frac{^2/_9(\times 9)}{^1/_3(\times 9)} = \frac{2}{3} = \frac{2(\times 40)}{3(\times 40)} = \frac{80}{120}.$$

$$\text{Probe: } \text{Zu schneidende Steigung} = \frac{TR}{GR} \times \text{Masch.-Steig.} = \frac{80}{120} \times \frac{1''}{3} = \frac{2''}{9}.$$

2. Wechselräder für Zollsteigungen, wenn die Anzahl der Gänge auf 1$''$ angegeben ist.

Die meist benötigten Gewinde sind feinere Gewinde, d. h. sie haben kleine Steigungen. Man spricht bei ihnen z. B. nicht von $^1/_{10}{''}$, $^1/_{11}{''}$ oder $^1/_{12}{''}$ Steigung, sondern sagt, sie haben 10, 11 oder 12 Gang auf 1$''$. Die Wechselräder dafür können in genau derselben Weise berechnet werden, wie wir es vorher getan haben. Da sich jedoch die Rechnung vereinfacht, wenn man das Verhältnis gleich in ganzen Zahlen ausdrückt und nicht in Brüchen, die erst auf ganze Zahlen umgerechnet werden müssen, so empfiehlt es sich, einen 2. Leitsatz zu bilden.

Hat beispielsweise, bei einer Drehbank ohne Zwischenräderübersetzung die Leitspindel 4 Gang auf 1$''$ und steckt man zwei Wechselräder von gleicher Zähnezahl auf, so muß sich die Arbeitspindel ebensooft wie die Leitspindel, nämlich = viermal, drehen, wenn der Schlitten um 1$''$ weiter bewegt werden soll. Es würde also auf diese Weise ein Gewinde von ebenfalls 4 Gang auf 1$''$ geschnitten werden. Wollte man jedoch mit dieser Bank ein Gewinde von 8 Gang auf 1$''$ schneiden, so muß sich die Arbeitspindel 8mal drehen, während die Leitspindel 4 Umdrehungen macht. Die Leitspindel muß also halb so viele Umdrehungen machen wie die Arbeitspindel. Das Rad auf der Leitspindel muß infolgedessen doppelt so viele Zähne haben wie das treibende auf der Arbeitspindel. Das Verhältnis des treibenden Rades zu dem getriebenen ist also 1 : 2, wenn die Leitspindel bzw. die Maschinensteigung 4 Gang auf 1$''$ und das zu schneidende Gewinde 8 Gang auf 1$''$ hat. Mit anderen Worten, es verhält sich:

$$\frac{TR}{GR} = \frac{1}{2} = \frac{4 \text{ Gg. auf } 1''}{8 \text{ Gg. auf } 1''}$$

oder verallgemeinert als **2. Leitsatz:**

$$\frac{\textbf{Treibendes Rad}}{\textbf{Getriebenes Rad}} = \frac{\textbf{Umdrehungen der Leitspindel}}{\textbf{Umdrehungen der Arbeitspindel}} = \frac{\textbf{Masch.-Steig. in Gg. auf } 1''}{\textbf{Steig. d. zu schneid. Gew. in Gg. auf } 1''}.$$

Zum Vergleiche mit der 1. Rechnungsart diene das

5. Beispiel. Es sei ein Gewinde von 18 Gang auf 1″ zu schneiden; die Maschinen-Steigung sei 6 Gang auf 1″.

1. Leitsatz: $\dfrac{\text{TR}}{\text{GR}} = \dfrac{\text{Zu schneid. Steig.}}{\text{Masch.-Steig.}} = \dfrac{^1/_{18}}{^1/_6} = \dfrac{^1/_{18}\,(\times\,18)}{^1/_6\,(\times\,18)} = \dfrac{1}{3}\,.$

Im anderen Falle ist nach dem

2. Leitsatze: $\dfrac{\text{TR}}{\text{GR}} = \dfrac{\text{Masch.-Steig. in Gg. auf 1″}}{\text{Gangzahl d. zu schneid. Gew.}} = \dfrac{6}{18} = \dfrac{1}{3}\,.$

Man erhält also auf diese Weise dasselbe Ergebnis in so einfachen, kleinen Zahlen, daß man die Räder bei einiger Übung im Kopfe ausrechnen kann.

6. Beispiel. Für eine Drehbank mit einer Maschinensteigung von 4 Gang auf 1″ sind Wechselräder für ein Gewinde von 10 Gang auf 1″ zu berechnen.

2. Leitsatz: $\dfrac{\text{TR}}{\text{GR}} = \dfrac{\text{Masch.-Steig. in Gg. auf 1″}}{\text{Gangzahl d. zu schneid. Gew.}} = \dfrac{4}{10} = \dfrac{4\,(\times\,10)}{10\,(\times\,10)} = \dfrac{40}{100}\,.$

Probe: Zu schneidende Gangzahlen

$$= \dfrac{\text{GR}}{\text{TR}} \times \text{Masch.-Steig. in Gg. auf 1″} = \dfrac{100\cdot 4}{40} = 10 \text{ Gg. auf 1″.}$$

7. Beispiel. Es sei ein Gewinde von 11 Gang auf 1″ zu schneiden. Die Maschinen-Steigung sei 2 Gang auf 1″.

$$\dfrac{\text{TR}}{\text{GR}} = \dfrac{2}{11} = \dfrac{2\,(\times\,10)}{11\,(\times\,10)} = \dfrac{20}{110}\,.$$

Das Rad mit 20 Zähnen ist in unserem Satz nicht enthalten, wir versuchen daher, mit einer größeren Zahl zu erweitern. Die nächst höhere Zahl, die durch 5 teilbare Zähnezahlen ergibt, ist 15. Es ist also:

$$\dfrac{\text{TR}}{\text{GR}} = \dfrac{2\,(\times\,15)}{11\,(\times\,15)} = \dfrac{30}{165}\,.$$

Aus diesem Räderpaare ist das Rad mit 165 Zähnen in unserem Satze nicht enthalten. Wir ersehen daraus, daß sich das Gewinde mit einer einfachen Übersetzung nicht schneiden läßt. Wir müssen infolgedessen den Bruch $^2/_{11}$ in der auf S. 9 beschriebenen Weise zerlegen und auf passende Zähnezahlen erweitern. Wir verfahren folgendermaßen:

$$\dfrac{\text{TR}}{\text{GR}} = \dfrac{2}{11} = \dfrac{1\cdot 2}{2\cdot 5{,}5} = \dfrac{1\,(\times\,30)\cdot 2\,(\times\,20)}{2\,(\times\,30)\cdot 5{,}5\,(\times\,20)} = \dfrac{30\cdot 40}{60\cdot 110}\,.$$

Probe: Zu schneidende Gangzahl

$$= \dfrac{\text{GR}}{\text{TR}} \times \text{Masch.-Steig. in Gg. auf 1″} = \dfrac{60\cdot 110}{30\cdot 40}\cdot 2 = 11 \text{ Gg.}$$

8. Beispiel. Es sei ein Gewinde von 24 Gang auf 1″ zu schneiden. Die Maschinensteigung betrage 3 Gang auf 1″.

$$\dfrac{\text{TR}}{\text{GR}} = \dfrac{3}{24} = \dfrac{1}{8}\,.$$

Auch dieses Räderverhältnis kann nur durch 4 Räder erreicht werden; wir zerlegen also: $\dfrac{\text{TR}}{\text{GR}} = \dfrac{1}{8} = \dfrac{1\cdot 1}{2\cdot 4} = \dfrac{1\,(\times\,30(\cdot 1\,(\times\,25)}{2\,(\times\,30)\cdot 4\,(\times\,25)} = \dfrac{30\cdot 25}{60\cdot 100}\,.$

Probe: Zu schneidende Gangzahl

$$= \dfrac{\text{GR}}{\text{TR}} \times \text{Masch.-Steig. in Gg. auf 1″} = \dfrac{60\cdot 100}{30\cdot 25}\cdot 3 = 24 \text{ Gg.}$$

3. Wechselräder für Millimetersteigungen.

Für Millimetersteigungen gilt derselbe Leitsatz wie für das Schneiden von Zollsteigungen, und man hat nur nötig, die Leitspindelsteigung bzw.

die Maschinensteigung ebenfalls in Millimetern auszudrücken. Es ist 1 Zoll engl. $= 25{,}39996 \approx 25{,}4$ mm. Da $5''$ fast gleich 127 mm sind, wird meistens ein Wechselrad mit 127 Zähnen benutzt, das fast zu jeder Drehbank mitgeliefert wird. Jedoch ist dieses Rad für viele Fälle nicht nötig; man kann auch mit gewöhnlichen Rädern schneiden, ohne daß die Genauigkeit des Gewindes wesentlich darunter leidet.

9. Beispiel. Es soll ein Gewinde von 10 mm Steigung geschnitten werden. Die Maschinensteigung sei $^1/_2'' = 12{,}7$ mm.

$$\frac{TR}{GR} = \frac{\text{Zu schneid. Steig.}}{\text{Masch.-Steig.}} = \frac{10 \text{ mm}}{^1/_2''} = \frac{10 \text{ mm}}{12{,}7 \text{ mm}} = \frac{10\,(\times 10)}{12{,}7\,(\times 10)} = \frac{100}{127}.$$

Diese Zahlen sind ohne weitere Umrechnung als Wechselradzähnezahlen benutzbar.

10. Beispiel. Auf derselben Maschine soll ein Gewinde von 3 mm Steigung geschnitten werden:

$$\frac{TR}{GR} = \frac{3}{12{,}7} = \frac{3\,(\times 10)}{12{,}7\,(\times 10)} = \frac{30}{127}.$$

11. Beispiel. Auf einer Drehbank mit einer Maschinensteigung von $^1/_4'' = 6{,}35$ mm soll ein Gewinde mit 1,5 mm Steigung geschnitten werden:

$$\frac{TR}{GR} = \frac{1{,}5}{25{,}4/4} = \frac{1{,}5}{6{,}35} = \frac{1{,}5\,(\times 100)}{6{,}35\,(\times 100)} = \frac{150}{635}.$$

Gekürzt, indem Zähler und Nenner durch 5 dividiert wird:

$$\frac{TR}{GR} = \frac{150}{635} = \frac{30}{127}.$$

12. Beispiel. Auf derselben Maschine soll ein Gewinde von 1 mm Steigung geschnitten werden:

$$\frac{TR}{GR} = \frac{1}{6{,}35} = \frac{100}{635} = \frac{20}{127}.$$

Da in unserem Wechselradsatze ein Rad mit 20 Zähnen nicht enthalten ist, muß der Bruch zunächst zerlegt werden. Dann ist so zu erweitern, daß vorhandene Zähnezahlen entstehen. Das geschieht, indem man die Zähler und Nenner mit denselben Zahlen multipliziert:

$$\frac{TR}{GR} = \frac{20}{127} = \frac{2 \cdot 10}{1 \cdot 127} = \frac{2\,(\times 15) \cdot 10}{1\,(\times 15) \cdot 127} = \frac{30 \cdot 10}{15 \cdot 127}.$$

Nunmehr ist das Verhältnis noch einmal zu erweitern, indem wieder ein Zähler und Nenner mit derselben Zahl multipliziert wird. Wir multiplizieren mit 5:

$$\frac{TR}{GR} = \frac{30 \cdot 10\,(\times 5)}{15\,(\times 5) \cdot 127} = \frac{30 \cdot 50}{75 \cdot 127}.$$

Probe:

$$\text{Zu schneidende Steigung} = \frac{TR}{GR} \times \text{Masch.-Steig.} = \frac{30 \cdot 50 \cdot 6{,}35}{75 \cdot 127} = \frac{20 \cdot 6{,}35}{127} = 1 \text{ mm.}$$

Ist ein 127er Rad nicht vorhanden, so kann man nach dem in dem Kapitel „Wechselräderberechnung für schwierige Steigungen" beschriebenen Verfahren Räder finden, die der gewünschten Steigung sehr nahe kommen und daher genügen. An dieser Stelle seien einige der besten Räderverhältnisse für $1''$ engl. genannt, mit deren Hilfe man Räder finden kann, die in unserem Wechselradsatze enthalten sind. Zum Vergleiche steht das Verhältnis, bei dem ein 127er Rad benötigt wird, an der Spitze (s. S. 14).

In der Tafel ist bei jeder Lösung der zugehörige Fehler angegeben, und zwar bedeutet z. B. $0{,}23^0/_{00}$, daß das Gewinde in seiner Steigung auf 1000 mm Länge um 0,23 mm abweicht. Die Berechnung der Fehler wird im Kapitel „Wechselräderberechnung für schwierige Steigungen" beschrieben (S. 27), hier seien sie nur verzeichnet. Der Fehler ist verschieden groß, je nach der Temperatur, auf die das Metermaß bezogen ist. Über Bezugstemperatur, die bei Genauigkeitsgewinden, wie sie z. B. für Meßgeräte gebraucht werden, unbedingt berücksichtigt werden muß, lese man das Kapitel „Wechselräder für Millimetersteigung unter Berücksichtigung der Bezugstemperatur" nach (vgl. S. 29).

1″ engl. =	mm	25,399956 bei 20°	Benötigte Sonderräder
$\approx 25{,}40000 = \dfrac{127}{5}$		Fehler $-0{,}0017\,^0/_{00}$	127
$\approx 25{,}41176 = \dfrac{432}{17} = \dfrac{18 \cdot 24}{17}$		$-0{,}46\,^0/_{00}$	—
$\approx 25{,}39683 = \dfrac{1600}{63} = \dfrac{40 \cdot 40}{7 \cdot 9}$		$+0{,}12\,^0/_{00}$	—
$\approx 25{,}38461 = \dfrac{330}{13} = \dfrac{11 \cdot 30}{13}$		$+0{,}61\,^0/_{00}$	—

Aus der Aufstellung geht hervor, daß, abgesehen von dem Verhältnis 127/5, das ein 127er Rad erfordert, durch die Zahlen 1600/63 der kleinste Fehler gemacht wird. Er beträgt $+0{,}12\,^0/_{00}$. Man kann annehmen, daß ein Fehler bis $0{,}2\,^0/_{00}$ ohne weiteres zulässig ist, wenn es sich um im Maschinenbau allgemein benötigte Gewinde handelt. Das zuletzt genannte Verhältnis 330/13 ist daher unbrauchbar; denn der Fehler beträgt $0{,}61\,^0/_{00}$. Dennoch wird es häufig empfohlen, weil 13″ engl. ungefähr = 330 mm sind. Genau gerechnet sind es 330,2 mm. Man vermeide es, zumal sich durch das Verhältnis 1600/63 ein besseres Ergebnis erreichen läßt. Hierbei ist nämlich mit größerer Genauigkeit 63″ engl. $\approx$ 1600 mm, genau 1600,2 mm.

Es mögen hier noch einige Beispiele für das Gewindeschneiden ohne 127er Rad folgen.

13. Beispiel. Auf einer Bank mit $^1/_4$″ Maschinensteigung sei ein Gewinde von 1 mm Steigung zu schneiden, jedoch ohne das 127er Rad:

$$\frac{TR}{GR} = \frac{1}{25{,}4/4}.$$

Wir erweitern, indem wir mit 4 multiplizieren, so daß die Zahl 25,4 für sich allein zu stehen kommt:

$$\frac{TR}{GR} = \frac{1\,(\times 4)}{25{,}4/4\,(\times 4)} = \frac{4}{25{,}4}.$$

Nun setzen wir statt 25,4 den angenäherten Wert 1600/63 ein und bringen auf ganze Zahlen:

$$\frac{TR}{GR} = \frac{4}{25{,}4} = \frac{4}{1600/63} = \frac{4\,(\times 63)}{1600/63\,(\times 63)} = \frac{4 \cdot 63}{1600} = \frac{63}{400}.$$

Zerlegt und auf Zähnezahlen erweitert:

$$\frac{TR}{GR} = \frac{63}{400} = \frac{7 \cdot 9}{16 \cdot 25} = \frac{35 \cdot 45}{80 \cdot 125}.$$

Probe: Zu schneidende Steigung

$$= \frac{TR}{GR} \times \text{Masch.-Steig.} = \frac{35 \cdot 45}{80 \cdot 125} \times 6{,}35 = \frac{63 \cdot 6{,}35}{400} = 1{,}000125 \text{ mm} \approx 1 \text{ mm}.$$

Wir schneiden also 1 mm Steigung mit einem Fehler von $+0{,}12\,^0/_{00}$.

Um nicht bei jeder weiteren Millimetersteigung wieder den ganzen Rechnungsgang durchmachen zu müssen, kann man für die betreffende Drehbank oder vielmehr für jede Maschinensteigung zunächst die Räder für 1 mm Steigung bestimmen, wie es oben geschehen ist. Man hat dann nur nötig, die gewünschte

Steigung in das auf diese Weise erhaltene Zahlenverhältnis einzusetzen. Wir erhielten für 1 mm Steigung bei $^1/_4{}''$ Maschinensteigung:

$$\frac{TR}{GR} = \frac{35 \cdot 45}{80 \cdot 125}.$$

Wollen wir beispielsweise 2,5 mm schneiden, so ist:

$$\frac{TR}{GR} = \frac{35 \cdot 45 \cdot 2,5}{80 \cdot 125} = \frac{35 \cdot 45 \cdot 25}{80 \cdot 125 \cdot 10} = \frac{35 \cdot 45}{80 \cdot 50},$$

oder, falls diese Räder an der Schere nicht zusammen zu bringen sind:

$$\frac{TR}{GR} = \frac{35 \cdot 90}{80 \cdot 100}.$$

Wollen wir 3 mm Steigung schneiden, so ist:

$$\frac{TR}{GR} = \frac{35 \cdot 45 \cdot 3}{80 \cdot 125} = \frac{105 \cdot 45}{80 \cdot 125}.$$

14. Beispiel. Auf einer Bank mit $^1/_2{}''$ Maschinensteigung soll ein Gewinde von 5 mm Steigung geschnitten werden, ohne das 127er Rad.

$$\frac{TR}{GR} = \frac{5}{25,4/2} = \frac{5 (\times 2)}{25,4/2 (\times 2)} = \frac{10}{25,4},$$

für 25,4 den angenäherten Wert 1600/63 eingesetzt und auf ganze Zahlen gebracht:

$$\frac{TR}{GR} = \frac{10}{25,4} = \frac{10}{1600/63} = \frac{10 (\times 63)}{1600/63 (\times 63)} = \frac{10 \cdot 63}{1600} = \frac{63}{160}.$$

Zerlegt und auf Zähnezahlen erweitert:

$$\frac{TR}{GR} = \frac{63}{160} = \frac{7 \cdot 9}{16 \cdot 10} = \frac{35 \cdot 90}{80 \cdot 100}.$$

Probe: Zu schneidende Steigung

$$= \frac{TR}{GR} \times \text{Masch.-Steig.} = \frac{35 \cdot 90 \cdot 12,7}{80 \cdot 100} = \frac{63 \cdot 12,7}{160} = 5{,}000625 \text{ mm} \approx 5 \text{ mm}.$$

Wir erhielten also Räder für 5 mm Steigung mit einem Fehler von $0{,}000625$ mm $= +0{,}12{}^0/_{00}$.

15. Beispiel. Es soll 1,75 mm Steigung geschnitten werden. Die Maschinen-Steigung sei 8 Gang auf $1''$

$$\frac{TR}{GR} = \frac{1,75}{25,4/8} = \frac{1,75 (\times 8)}{25,4/8 (\times 8)} = \frac{14}{25,4}.$$

Da ein 127er Rad nicht vorhanden ist, setzen wir wieder für 25,4 den angenäherten Wert 1600/63 ein:

$$\frac{TR}{GR} = \frac{14}{25,4} = \frac{14}{1600/63} = \frac{14 (\times 63)}{1600/63 (\times 63)} = \frac{882}{1600} = \frac{441}{800}.$$

Zerlegt (für das Zerlegen der Zahl 441 benutze man die Faktorentabelle: $441 = 3^2 \cdot 7^2 = 3 \cdot 3 \cdot 7 \cdot 7 = 21 \cdot 21$):

$$\frac{TR}{GR} = \frac{441}{800} = \frac{21 \cdot 21}{20 \cdot 40} = \frac{105 \cdot 105}{100 \cdot 200}.$$

Wir sehen in diesem Falle, daß das Gewinde mit den durch das Verhältnis 1600/63 erhaltenen Rädern nicht geschnitten werden kann; denn es sind weder zwei Räder mit 105 Zähnen vorhanden, noch ein 200er Rad. Es ist auch nicht möglich, andere Räder zu wählen, die in unserem Satze enthalten sind. Will man dennoch kein 127er Rad anfertigen lassen, so kann man, wenn bei dem Gewinde ein größerer Fehler zulässig ist, für die Zahl 25,4 das nächstbeste der oben genannten Räderverhältnisse einsetzen, nämlich 432/17. Nach unserem Leitsatze ist:

$$\frac{TR}{GR} = \frac{1,75}{25,4/8} = \frac{14}{25,4} = \frac{14}{432/17} = \frac{14 \cdot 17}{432}.$$

Zerlegen wir die Zahl 432 mit Hilfe der Faktorentabelle, so erhalten wir

$$\frac{TR}{GR} = \frac{14 \cdot 17}{432} = \frac{14 \cdot 17}{2^4 \cdot 3^3} = \frac{14 \cdot 17}{2 \cdot 2 \cdot 2 \cdot 2 \cdot 3 \cdot 3 \cdot 3} = \frac{14 \cdot 17}{24 \cdot 18} = \frac{70 \cdot 85}{120 \cdot 90}.$$

Probe: Zu schneidende Steigung

$$= \frac{TR}{GR} \times \text{Masch.-Steig.} = \frac{70 \cdot 85 \cdot 25,4}{120 \cdot 90 \cdot 8} = \frac{119 \cdot 25,4}{216 \cdot 8} = \frac{3022,6}{1728} = 1,74919 \text{ mm.}$$

Wir erhielten also 1,75 mm Steigung mit einem Fehler von 0,00081 mm $= -0,46\,^0\!/_{00}$.

Wie schon gesagt, sind Räder, die einen so großen Fehler verursachen, nicht zu empfehlen. Man sollte sie nur ausnahmsweise einmal anwenden, z. B. wenn es sich um ein kurzes Befestigungsgewinde handelt.

4. Wechselräder für Modulsteigungen.

Für das Schneiden von Modulsteigungen gilt bei der Wechselräderberechnung derselbe Leitsatz wie für Zollsteigungen. Er lautet:

1. Leitsatz: $\quad \dfrac{TR}{GR} = \dfrac{\text{Zu schneid. Steig.}}{\text{Masch.-Steig.}}.$

Modulsteigungen bilden, wie schon im Kapitel „Vom Gewinde" erwähnt, ein Vielfaches von π mm. π ist gleich 3,14 oder genauer $= 3,14159$.

Es ist:
$$1 \text{ Modul} = 3,14 \text{ mm}$$
$$2 \quad\text{,,}\quad = 6,28 \text{ ,,} \quad \text{usw. (s. S. 4).}$$

Wird die zu schneidende Steigung in Millimetern genannt, wie es in diesem Falle geschieht, muß auch die Maschinensteigung in Millimetern ausgedrückt werden. Es ist daher, da die Leitspindel Zollsteigung hat, in den aufzustellenden Übersetzungsverhältnissen immer der Wert $\dfrac{\pi \text{ mm}}{1'' \text{ engl.}} = \dfrac{3,14}{25,4}$, genauer $= \dfrac{3,14159}{25,399956}$ enthalten. Es können in der in dem Kapitel „Wechselräderberechnung für schwierige Steigungen" beschriebenen Weise Räder bestimmt werden, die diesem Werte angenähert entsprechen. Nebenstehend sind einige der besten Übersetzungsverhältnisse aufgeführt.

$\dfrac{\pi}{1'' \text{ engl. in mm}} =$		$\dfrac{3,14159}{25,399956}$ bei 20^0	Benötigte Sonderräder
		Fehler	
$\dfrac{\pi}{1''} \approx \dfrac{47}{380}$	$= \dfrac{47}{4 \cdot 95}$	$-0,005\,^0\!/_{00}$	47
$\approx \dfrac{95}{768}$	$= \dfrac{5 \cdot 19}{32 \cdot 24}$	$+0,11\,^0\!/_{00}$	—
$\approx \dfrac{12}{97}$	$= \dfrac{12}{97}$	$+0,21\,^0\!/_{00}$	97
$\approx \dfrac{22}{7 \cdot 25,4}$	$= \dfrac{22 \cdot 5}{7 \cdot 127}$	$+0,40\,^0\!/_{00}$	127
$\approx \dfrac{200}{1617}$	$= \dfrac{200}{49 \cdot 33}$	$-0,007\,^0\!/_{00}$	49 und 33

Die Benutzung eines Rades mit 157 Zähnen wird nicht empfohlen, da das Verhältnis $\dfrac{\pi}{1''} \approx \dfrac{157}{127 \cdot 10}$ einen Fehler von $0,51\,^0\!/_{00}$ bei 20^0 ergibt.

16. Beispiel. Auf einer Drehbank mit einer Maschinensteigung von $^1\!/_4''$ soll ein Gewinde von 1 Modul Steigung geschnitten werden.

$$\frac{TR}{GR} = \frac{\text{zu schneid. Steig.}}{\text{Masch.-Steig.}} = \frac{1 \cdot \pi}{25,4/4}.$$

Wir erweitern den Bruch so, daß das Zahlenverhältnis $\pi/25,4$ für sich allein zu stehen kommt. Um dies zu erreichen, müssen wir in diesem Falle mit 4 multiplizieren. Dann setzen wir statt $\pi/25,4$ einen der Annäherungswerte ein. Wir wählen den Wert $\dfrac{95}{768} = \dfrac{5 \cdot 19}{32 \cdot 24}$, weil hierfür keine Sonderräder benötigt werden.

$$\frac{TR}{GR} = \frac{1 \cdot \pi}{25,4/4} = \frac{4 \cdot \pi}{25,4} = \frac{4 \cdot 5 \cdot 19}{32 \cdot 24} = \frac{5 \cdot 19}{8 \cdot 24}.$$

Auf brauchbare Zähnezahlen erweitert:

$$\frac{TR}{GR} = \frac{5 \cdot 19}{8 \cdot 24} = \frac{50 \cdot 95}{80 \cdot 120}.$$

Probe: Zu schneidende Steigung

$$\frac{TR}{GR} \times \text{Masch.-Steig.} = \frac{50 \cdot 95 \cdot 25,4}{80 \cdot 120 \cdot 4} = \frac{95 \cdot 25,4}{192 \cdot 4} = \frac{2413}{768} = 3,141927.$$

Wir erhalten also eine Steigung von 1 Modul mit einem Fehler von 0,0003343 mm $\approx +0,11^0/_{00}$.

17. Beispiel. Auf derselben Maschine soll eine Schnecke von 3 Modul Steigung geschnitten werden.

$$\frac{TR}{GR} = \frac{\text{Zu schneid. Steig.}}{\text{Masch.-Steig.}} = \frac{3 \cdot \pi}{25,4/4} = \frac{3 \cdot \pi \, (\times 4)}{25,4/4 \, (\times 4)} = \frac{12 \cdot \pi}{25,4}.$$

Den Annäherungswert für $\dfrac{\pi}{25,4} \approx \dfrac{95}{768} = \dfrac{5 \cdot 19}{32 \cdot 24}$ eingesetzt:

$$\frac{TR}{GR} = \frac{12 \cdot 5 \cdot 19}{32 \cdot 24} = \frac{15 \cdot 19}{16 \cdot 12} = \frac{75 \cdot 95}{80 \cdot 60}.$$

Probe: Zu schneidende Steigung

$$= \frac{TR}{GR} \times \text{Masch.-Steig.} = \frac{75 \cdot 95 \cdot 25,4}{80 \cdot 60 \cdot 4} = \frac{285 \cdot 25,4}{192 \cdot 4} = \frac{7239}{768} = 9,425781.$$

Die erhaltene Steigung ist also 3 Modul mit einem Fehler von 0,001003 mm $\approx +0,11^0/_{00}$.

18. Beispiel. Auf einer Drehbank mit einer Maschinensteigung von $^1/_2''$ soll eine Schnecke von 8 Modul Steigung geschnitten werden.

$$\frac{TR}{GR} = \frac{\text{Zu schneid. Steig.}}{\text{Masch.-Steig.}} = \frac{8 \cdot \pi}{25,4/2} = \frac{16 \cdot \pi}{25,4}.$$

Den Annäherungswert für $\dfrac{\pi}{25,4} \approx \dfrac{95}{768} = \dfrac{5 \cdot 19}{32 \cdot 24}$ eingesetzt:

$$\frac{TR}{GR} = \frac{16 \cdot \pi}{25,4} = \frac{16 \cdot 5 \cdot 19}{32 \cdot 24} = \frac{5 \cdot 19}{4 \cdot 12} = \frac{100 \cdot 95}{80 \cdot 60}.$$

Probe: Zu schneidende Steigung

$$= \frac{TR}{GR} \times \text{Masch.-Steig.} = \frac{100 \cdot 95 \cdot 25,4}{80 \cdot 60 \cdot 2} = \frac{95 \cdot 25,4}{48 \cdot 2} = \frac{2413}{96} = 25,13541 \text{ mm.}$$

Die berechnete Steigung ist also 8 Modul mit einem Fehler von 0,00267 mm $\approx +0,11^0/_{00}$.

19. Beispiel. Es sei ein Gewinde von 1,75 Modul zu schneiden. Die Maschinensteigung betrage 3 Gang auf $1''$.

$$\frac{TR}{GR} = \frac{\text{Zu schneid. Steig.}}{\text{Masch.-Steig.}} = \frac{1,75 \cdot \pi}{25,4/3} = \frac{5,25 \cdot \pi}{25,4}.$$

Den Annäherungswert $\dfrac{5 \cdot 19}{32 \cdot 24}$ eingesetzt und erweitert auf ganze Zahlen:

$$\frac{TR}{GR} = \frac{5,25 \cdot \pi}{25,4} = \frac{5,25 \cdot 5 \cdot 19}{32 \cdot 24} = \frac{525 \cdot 5 \cdot 19}{100 \cdot 32 \cdot 24}.$$

Gekürzt und auf brauchbare Zähnezahlen erweitert:

$$\frac{TR}{GR} = \frac{525 \cdot 5 \cdot 19}{100 \cdot 32 \cdot 24} = \frac{105 \cdot 95}{128 \cdot 120}.$$

Ein 128er Rad ist nicht vorhanden. Wir sehen, daß in diesem Falle der Annäherungswert 95/768 nicht zu verwenden ist. Ist ein 127er Rad vorhanden, so kann man das Verhältnis $\frac{3^1/_7}{25,4} = \frac{22}{7 \cdot 25,4}$ einsetzen, vorausgesetzt, daß die große Abweichung von $0,4^0/_{00}$ zulässig ist. Ist dies nicht der Fall, so muß ein abnormes Rad angefertigt werden, und zwar ein 47er oder ein 97er Rad, damit entweder der Verhältniswert 12/97 oder der Wert 47/380 in die Rechnung eingesetzt werden kann. Nehmen wir an, wir hätten ein 47er Rad zur Verfügung, so könnten wir rechnen:

$$\frac{TR}{GR} = \frac{1,75 \cdot \pi}{25,4/3} = \frac{1,75 \cdot \pi (\times 3)}{25,4/3 (\times 3)} = \frac{5,25 \cdot \pi}{25,4}.$$

Den Wert $\frac{47}{380} = \frac{47}{4 \cdot 95}$ eingesetzt und erweitert: $\frac{TR}{GR} = \frac{5,25 \cdot 47}{4 \cdot 95} = \frac{525 \cdot 47}{100 \cdot 4 \cdot 95}.$

Gekürzt und auf brauchbare Zähnezahlen erweitert:

$$\frac{TR}{GR} = \frac{525 \cdot 47}{100 \cdot 4 \cdot 95} = \frac{21 \cdot 47}{16 \cdot 95} = \frac{105 \cdot 47}{80 \cdot 95}.$$

Probe: Zu schneidende Steigung

$$= \frac{TR}{GR} \times \text{Masch.-Steig.} = \frac{105 \cdot 47 \cdot 25,4}{80 \cdot 95 \cdot 3} = \frac{25069,8}{4560} = 5,497763 \text{ mm}.$$

Wir erhielten also 1,75 Modul Steigung mit einer Abweichung, die nur $0,000024 \text{ mm} = 0,0053^0/_{00}$ beträgt.

20. Beispiel. Es sei ein Gewinde von 4 Modul Steigung zu schneiden. Die Maschinensteigung sei $^1/_2''$:

$$\frac{TR}{GR} = \frac{\text{Zu schneid. Steig.}}{\text{Masch.-Steig.}} = \frac{4 \cdot \pi}{25,4/2} = \frac{8 \cdot \pi}{25,4}.$$

Den Annäherungswert 12/97 eingesetzt:

$$\frac{TR}{GR} = \frac{8 \cdot \pi}{25,4} = \frac{8 \cdot 12}{1 \cdot 97} = \frac{80 \cdot 12}{10 \cdot 97} = \frac{80 \cdot 60}{50 \cdot 97}.$$

Der Fehler beträgt $+0,21^0/_{00}$. Es ist ein 97er Rad erforderlich.

Setzt man jedoch den Annäherungswert $\frac{95}{768} = \frac{5 \cdot 19}{32 \cdot 24}$ ein, so erhält man:

$$\frac{TR}{GR} = \frac{8 \cdot \pi}{25,4} = \frac{8 \cdot 5 \cdot 19}{32 \cdot 24} = \frac{5 \cdot 19}{4 \cdot 24} = \frac{75 \cdot 95}{60 \cdot 120}.$$

Der Fehler beträgt hierbei nur $+0,11^0/_{00}$. Es wird kein Sonderrad benötigt.

Setzt man schließlich den Annäherungswert $\frac{47}{380} = \frac{47}{4 \cdot 95}$ ein, so folgt:

$$\frac{TR}{GR} = \frac{8 \cdot \pi}{25,4} = \frac{8 \cdot 47}{4 \cdot 95} = \frac{80 \cdot 47}{40 \cdot 95}.$$

Der Fehler beträgt jetzt sogar nur $0,005^0/_{00}$. Es ist ein 47er Rad erforderlich.

5. Wechselräder für Diametral-Pitch-Steigungen.

Es ist: 1 Pitch = $\pi/1''$ Steigung, 2 Pitch = $\pi/2''$ Steigung, 3 Pitch = $\pi/3''$ Steigung usw. (vgl. S. 4 und 5).

Wir können auch hier für π wieder nur angenäherte Zahlenwerte in die Rechnung einsetzen (Tabelle S. 19).

Nur die beiden an der Spitze stehenden Verhältnisse erfordern keine besonderen Wechselräder. Der Fehler, den das erste verursacht, ist ziemlich groß. Das zweite Verhältnis ist leider nicht überall anwendbar. Ist etwa für die Drehbank ein Rad mit 127, 47 oder 97 Zähnen vorhanden, das für Millimeter- bzw. für Modulsteigungen benötigt wurde, so setze man das entsprechende Verhältnis ein. Fertigt man jedoch Räder neu an, so wähle man das Verhältnis $\frac{5 \cdot 71}{113}$, mit den Rädern von 71 und 113 Zähnen. Hiermit erhält man den Wert π fast mathematisch genau.

$\pi = 3{,}1415927$	Fehler bei 20	Benötigte Sonderräder
$\approx 3{,}1428571 = \dfrac{22}{7}$	$+0{,}40\,^0/_{00}$	—
$\approx 3{,}1418181 = \dfrac{32 \cdot 27}{25 \cdot 11}$	$+0{,}07\,^0/_{00}$	—
$\approx 3{,}1417322 = \dfrac{19 \cdot 21}{127}$	$+0{,}04\,^0/_{00}$	127
$\approx 3{,}1417112 = \dfrac{25 \cdot 47}{22 \cdot 17}$	$+0{,}04\,^0/_{00}$	47
$\approx 3{,}1417004 = \dfrac{8 \cdot 97}{13 \cdot 19}$	$+0{,}03\,^0/_{00}$	97
$\approx 3{,}1416666 = \dfrac{13 \cdot 29}{4 \cdot 30}$	$+0{,}02\,^0/_{00}$	Rad mit durch 29 teilbarer Zähnezahl
$\approx 3{,}1415929 = \dfrac{5 \cdot 71}{113}$	$+0{,}0006\,^0/_{00}$	71 und 113

Die Berechnung der Räder für „Diametral Pitch" soll an einigen Beispielen gezeigt werden.

21. Beispiel. Auf einer Drehbank mit einer Maschinensteigung von $^1/_2{}''$ soll 4 Diametral-Pitch $= \pi/4''$ Steigung geschnitten werden.

$$\frac{TR}{GR} = \frac{\text{Zu schneid. Steig.}}{\text{Masch.-Steig.}} = \frac{\pi/4''}{^1/_2{}''} = \frac{\pi}{2}\,.$$

Den Annäherungswert $\pi \approx \dfrac{22}{7}$ eingesetzt:

$$\frac{TR}{GR} = \frac{1 \cdot 22}{2 \cdot 7} = \frac{11}{7} = \frac{110}{70}\,.$$

Wir erhalten 4 Diametral-Pitch mit einem Fehler von $0{,}0013'' = 0{,}4\,^0/_{00}$.

Dieser Fehler ist uns zu groß. Da für die Maschine zum Schneiden von Millimetergewinden ein 127er Rad vorhanden ist, versuchen wir das Verhältnis $\dfrac{19 \cdot 21}{127}$ einzusetzen:

$$\frac{TR}{GR} = \frac{\pi}{2} = \frac{19 \cdot 21}{2 \cdot 127} = \frac{19 \cdot 105}{10 \cdot 127} = \frac{95 \cdot 105}{50 \cdot 127}\,.$$

Diese Räder ergeben 4 Diametral-Pitch mit einem Fehler von nur $0{,}04\,^0/_{00}$.

Probe:

$$\text{Zu schneidende Steigung} = \frac{TR}{GR} \times \text{Masch.-Steig.} = \frac{95 \cdot 105 \cdot 1}{50 \cdot 127 \cdot 2} = \frac{399}{508} = 0{,}785433''\,.$$

Die Räder ergeben $0{,}785433''$ Steigung. Wir wünschten zu schneiden: $\pi/4 = 0{,}7853982''$ Steigung. Der Fehler beträgt $0{,}0000348'' = 0{,}04\,^0/_{00}$; er ist also nur $^1/_{10}$ so groß wie im ersten Falle.

Wenn die Leitspindel Zoll-Gewinde hat, wie wir es jetzt angenommen haben, so kann die Berechnung der Räder für Diametral-Pitch vereinfacht werden. Wie man von Zoll-Gewinden sagt, sie haben so und so viele Gänge auf 1 Zoll, kann man von den Diametral-Pitch-Gewinden sagen, sie haben so und so viele Gänge auf 3,14 Zoll. Mit anderen Worten, es ist:

$$1 \text{ Diametral-Pitch-Steigung} = 1 \text{ Gg. auf } \pi''$$
$$2 \qquad\qquad ,, \qquad\qquad = 2 \;\; ,, \quad ,, \;\; \pi''$$
$$3 \qquad\qquad ,, \qquad\qquad = 3 \;\; ,, \quad ,, \;\; \pi'' \text{ usw.}$$

Wir können daher für die Berechnung auch den 2. Leitsatz anwenden, den wir bei der Berechnung der in Gangzahlen ausgedrückten Zollsteigungen benutzten. Er lautete:

$$\frac{TR}{GR} = \frac{\text{Masch.-Steig. in Gg. auf } 1''}{\text{Steig. des zu schneid. Gew. in Gg. auf } 1''}.$$

Für Diametral-Pitch-Steigungen müssen wir sinngemäß sagen:

$$\frac{TR}{GR} = \frac{\text{Masch.-Steig. in Gg. auf } 3,14''}{\text{Steig. des zu schneid. Gew. in Gg. auf } 3,14''}$$

oder

3. Leitsatz: $\dfrac{\textbf{Treibendes Rad}}{\textbf{Getriebenes Rad}} = \dfrac{\textbf{Masch.-Steig. in Gg. auf } 1'' \cdot \pi}{\textbf{Diametral-Pitch}}.$

Wenden wir diesen Leitsatz auf unser letztes Beispiel an, so ergibt sich:

$$\frac{TR}{GR} = \frac{2 \cdot \pi}{4} = \frac{\pi}{2}.$$

Das Annäherungsverhältnis $\pi \approx \dfrac{19 \cdot 21}{127}$ eingesetzt:

$$\frac{TR}{GR} = \frac{\pi}{2} = \frac{19 \cdot 21}{2 \cdot 127} = \frac{19 \cdot 105}{10 \cdot 127} = \frac{95 \cdot 105}{50 \cdot 127}.$$

Wir erhalten also bei dieser Rechnungsweise genau dasselbe Ergebnis. Wir ersparen aber das Umrechnen des Verhältnisses auf ganze Zahlen, da wir es gleich in ganzen Zahlen einsetzen.

22. Beispiel. Auf derselben Maschine soll 9 Diametral-Pitch geschnitten werden.

3. Leitsatz: $\dfrac{TR}{GR} = \dfrac{\text{Masch.-Steig. in Gg. auf } 1'' \cdot \pi}{\text{Diametral-Pitch}} = \dfrac{2 \cdot \pi}{9}.$

Das Annäherungsverhältnis $\pi \approx \dfrac{19 \cdot 21}{127}$ eingesetzt:

$$\frac{TR}{GR} = \frac{2 \cdot 19 \cdot 21}{9 \cdot 127} = \frac{19 \cdot 14}{3 \cdot 127} = \frac{95 \cdot 14}{15 \cdot 127} = \frac{95 \cdot 70}{75 \cdot 127}.$$

Probe:

Zu schneidende Steigung $= \dfrac{TR}{GR} \times$ Masch.-Steig. $= \dfrac{95 \cdot 70 \cdot 1}{75 \cdot 127 \cdot 2} = \dfrac{19 \cdot 14}{3 \cdot 127 \cdot 2} = 0,3490813''.$

Wir erhalten $0,3490813''$ Steigung. Wir wünschten 9 Pitch $= 0,3490658''$ zu schneiden. Der Fehler beträgt also $0,0000155'' = 0,04^0/_{00}$.

23. Beispiel. Es sei ein Gewinde von 14 Diametral-Pitch zu schneiden. Die Maschinensteigung betrage $^1/_4{}''$.

$$\frac{TR}{GR} = \frac{\text{Masch.-Steig. in Gg. auf } 1 \cdot \pi''}{\text{Diametral-Pitch}} = \frac{4 \cdot \pi}{14}.$$

Das Annäherungsverhältnis $\pi \approx \dfrac{19 \cdot 21}{127}$ eingesetzt:

$$\frac{TR}{GR} = \frac{4 \cdot \pi}{14} = \frac{4 \cdot 19 \cdot 21}{14 \cdot 127} = \frac{6 \cdot 19}{1 \cdot 127} = \frac{90 \cdot 19}{15 \cdot 127} = \frac{90 \cdot 95}{75 \cdot 127}.$$

Probe: Zu schneidende Steigung

$$= \frac{TR}{GR} \times \text{Masch.-Steig.} = \frac{90 \cdot 95 \cdot 1}{75 \cdot 127 \cdot 4} = \frac{6 \cdot 19 \cdot 1}{127 \cdot 4} = 114 : 508 = 0,2244094''.$$

Wir erhalten $0,2244094''$ Steigung. Wir wünschten $0,2243994''$. Der Fehler beträgt also $0,00001'' = 0,04^0/_{00}$.

C. Berechnung für Leitspindel mit Millimetersteigung.

1. Wechselräder für Zollsteigungen.

Bei der Wechselräderberechnung für Zollsteigungen an Drehbänken mit Millimeter-Leitspindel muß die zu schneidende Zollsteigung auch in Millimeter ausgedrückt werden. Meistens wird ein 127er Rad benutzt, da 5″ engl. ziemlich genau 127 mm sind. Man kann aber auch ohne ein 127er Rad auskommen. Man muß dann in die Rechnung die in dem Abschnitt „Berechnung für Leitspindel mit Zollsteigung" genannten Annäherungswerte einsetzen (s. S. 14).

24. Beispiel. Auf einer Drehbank mit 12 mm Maschinensteigung soll ein Gewinde von $^1/_4″$ Steigung geschnitten werden. $(^1/_4″ = 6{,}35$ mm.$)$

$$\frac{TR}{GR} = \frac{\text{Zu schneid. Steig.}}{\text{Masch.-Steig.}} = \frac{^1/_4″}{12 \text{ mm}} = \frac{25{,}4/4 \text{ mm}}{12 \text{ mm}} = \frac{6{,}35}{12} = \frac{635}{12 \cdot 100}.$$

Zerlegt und auf brauchbare Zähnezahlen erweitert:

$$\frac{TR}{GR} = \frac{635}{12 \cdot 100} = \frac{5 \cdot 127}{12 \cdot 100} = \frac{50 \cdot 127}{120 \cdot 100}.$$

Probe:

$$\text{Zu schneidende Steigung} = \frac{TR}{GR} \times \text{Masch.-Steig.} = \frac{50 \cdot 127 \cdot 12}{120 \cdot 100} = \frac{127}{20} = 6{,}35 \text{ mm.}$$

Ist ein 127er Rad nicht vorhanden, so verfahre man folgendermaßen.

Es verhält sich:

$$\frac{TR}{GR} = \frac{^1/_4″}{12 \text{ mm}} = \frac{25{,}4/4}{12}.$$

Erweitert, so daß die Zahl 25,4 für sich allein zu stehen kommt:

$$\frac{TR}{GR} = \frac{25{,}4/4}{12} = \frac{25{,}4/4\,(\times 4)}{12\,(\times 4)} = \frac{25{,}4}{48}.$$

Nun setze man statt 25,4 den angenäherten Wert 1600/63 ein:

$$\frac{TR}{GR} = \frac{25{,}4}{48} \approx \frac{1600/63\,(\times 63)}{48\,(\times 63)} = \frac{1600}{48 \cdot 63}.$$

Gekürzt, zerlegt und auf brauchbare Zähnezahlen erweitert:

$$\frac{TR}{GR} = \frac{1600}{48 \cdot 63} = \frac{1600}{4 \cdot 12 \cdot 7 \cdot 9} = \frac{100}{3 \cdot 7 \cdot 9} = \frac{100 \cdot 50}{105 \cdot 90}.$$

Probe:

$$\text{Zu schneidende Steigung} = \frac{TR}{GR} \times \text{Masch.-Steig.} = \frac{100 \cdot 50 \cdot 12}{105 \cdot 90} = \frac{6000}{945} = 6{,}3492 \text{ mm.}$$

Man erhält also 6,35 mm Steigung mit einem Fehler von 0,0008 mm $= 0{,}12\,^0/_{00}$.

25. Beispiel. Es sei auf einer Drehbank mit 6 mm Maschinensteigung ein Gewinde von 10 Gang auf 1″ $(= 2{,}54$ mm$)$ zu schneiden.

$$\frac{TR}{GR} = \frac{\text{Zu schneid. Steig.}}{\text{Masch.-Steig.}} = \frac{^1/_{10}″}{6 \text{ mm}} = \frac{25{,}4/10 \text{ mm}}{6 \text{ mm}} = \frac{25{,}4/10\,(\times 100)}{6\,(\times 100)} = \frac{254}{6 \cdot 100}.$$

Zerlegt und auf brauchbare Zähnezahlen erweitert:

$$\frac{TR}{GR} = \frac{254}{6 \cdot 100} = \frac{2 \cdot 127}{6 \cdot 100} = \frac{40 \cdot 127}{120 \cdot 100}.$$

Probe:

$$\text{Zu schneidende Steigung} = \frac{TR}{GR} \times \text{Masch.-Steig.} = \frac{40 \cdot 127 \cdot 6}{120 \cdot 100} = \frac{254}{100} = 2{,}54 \text{ mm.}$$

Will man ohne ein 127er Rad schneiden, so setze man für 1″ $= 25{,}4$ mm den angenäherten Wert 1600/63 ein.

$$\frac{TR}{GR} = \frac{25{,}4/10\,(\times 10)}{6\,(\times 10)} = \frac{25{,}4}{60} \approx \frac{1600}{60 \cdot 63}.$$

Gekürzt, zerlegt und auf brauchbare Zähnezahlen erweitert:

$$\frac{TR}{GR} = \frac{1600}{60 \cdot 63} = \frac{80}{3 \cdot 7 \cdot 9} = \frac{80 \cdot 50}{105 \cdot 90}.$$

Probe:

Zu schneidende Steigung $= \dfrac{TR}{GR} \times$ Masch.-Steig. $= \dfrac{80 \cdot 50 \cdot 6}{105 \cdot 90} = \dfrac{160}{63} = 2{,}53968$ mm.

Wir erhalten also 2,54 mm Steigung $= 10$ Gang auf $1''$ mit einem Fehler von $0{,}12^0/_{00}$.

26. Beispiel. Es sei ein Gewinde von $^5/_{16}{}''$ $(= 7{,}9375$ mm$)$ Steigung zu schneiden. Die Maschinensteigung sei 6 mm.

$$\frac{TR}{GR} = \frac{\text{Zu schneid Steig.}}{\text{Masch.-Steig.}} = \frac{^5/_{16}{}''}{6\ \text{mm}} = \frac{25{,}4 \cdot {}^5/_{16}\ \text{mm}}{6\ \text{mm}}.$$

Auf ganze Zahlen gebracht:

$$\frac{TR}{GR} = \frac{25{,}4\,(\times 10) \cdot {}^5/_{16}\,(\times 16)}{6\,(\times 10)\,(\times 16)} = \frac{254 \cdot 5}{6 \cdot 10 \cdot 16}.$$

Gekürzt, zerlegt und auf brauchbare Zähnezahlen erweitert:

$$\frac{TR}{GR} = \frac{254 \cdot 5}{6 \cdot 10 \cdot 16} = \frac{127 \cdot 5}{60 \cdot 8} = \frac{127 \cdot 50}{60 \cdot 80}.$$

Probe:

Zu schneidende Steigung $= \dfrac{TR}{GR} \times$ Masch.-Steig. $= \dfrac{127 \cdot 50 \cdot 6}{60 \cdot 80} = \dfrac{127}{16} = 7{,}9375$ mm.

Steht ein 127er Rad nicht zur Verfügung, so setze man wieder den Annäherungswert 1600/63 für 25,4 ein:

$$\frac{TR}{GR} = \frac{25{,}4 \cdot {}^5/_{16}}{6} = \frac{25{,}4 \cdot 5}{6 \cdot 16} \approx \frac{1600 \cdot 5}{63 \cdot 6 \cdot 16} = \frac{50 \cdot 5}{63 \cdot 3}.$$

Zerlegt und auf brauchbare Zähnezahlen erweitert:

$$\frac{TR}{GR} = \frac{50 \cdot 5}{63 \cdot 3} = \frac{50 \cdot 5}{9 \cdot 7 \cdot 3} = \frac{50 \cdot 5}{9 \cdot 21} = \frac{50 \cdot 25}{9 \cdot 105} = \frac{50 \cdot 125}{45 \cdot 105}$$

Probe:

Zu schneidende Steigung $= \dfrac{TR}{GR} \times$ Masch.-Steig. $= \dfrac{50 \cdot 125 \cdot 6}{45 \cdot 105} = \dfrac{1500}{189} = 7{,}9366$ mm.

Wir erhalten also eine Steigung von $7{,}9375$ mm $= {}^5/_{16}{}''$ mit einem Fehler von $0{,}0009$ mm $= 0{,}12^0/_{00}$.

2. Wechselräder für Millimetersteigungen.

Wie schon erwähnt, lassen sich Millimetersteigungen am besten auf Drehbänken schneiden, bei denen die Leitspindel auch Millimetersteigung hat. Für die Berechnung der Räder wendet man ebenfalls den 1. Leitsatz an:

$$\frac{TR}{GR} = \frac{\text{Zu schneid. Steig.}}{\text{Masch.-Steig.}}.$$

27. Beispiel. Auf einer Drehbank mit 12 mm Maschinensteigung soll ein Gewinde von 5 mm Steigung geschnitten werden.

$$\frac{TR}{GR} = \frac{5}{12} = \frac{50}{120}\ (\text{Zwischenrad beliebig}).$$

Probe: Zu schneidende Steigung $= \dfrac{TR}{GR} \times$ Masch.-Steig. $= \dfrac{50 \cdot 12}{120} = 5$ mm.

28. Beispiel. Es soll 1,5 mm Steigung geschnitten werden. Die Maschinensteigung ist 6 mm.

$$\frac{TR}{GR} = \frac{\text{Zu schneid. Steig.}}{\text{Masch.-Steig.}} = \frac{1,5}{6} = \frac{15}{60} = \frac{30}{120}.$$

Probe: Zu schneidende Steigung $= \dfrac{TR}{GR} \times \text{Masch.-Steig.} = \dfrac{30 \cdot 6}{120} = \dfrac{3}{2} = 1,5 \text{ mm.}$

29. Beispiel. Es sei ein Gewinde von 1,75 mm Steigung zu schneiden. Die Maschinensteigung sei 6 mm.

$$\frac{TR}{GR} = \frac{\text{Zu schneid. Steig.}}{\text{Masch.-Steig.}} = \frac{1,75}{6} = \frac{175}{600} = \frac{7}{24} = \frac{35}{120}.$$

Probe: Zu schneidende Steigung $= \dfrac{TR}{GR} \times \text{Masch.-Steig.} = \dfrac{35 \cdot 6}{120} = \dfrac{7}{4} = 1,75 \text{ mm.}$

30. Beispiel. Auf einer Drehbank mit 12 mm Maschinensteigung sei ein Gewinde von 1,5 mm zu schneiden.

$$\frac{TR}{GR} = \frac{\text{Zu schneid. Steig.}}{\text{Masch.-Steig.}} = \frac{1,5}{12} = \frac{15}{120} = \frac{1}{8}.$$

Das Verhältnis $^1/_8$ läßt sich durch 2 Räder aus unserem Satze nicht herstellen. Wir müssen es daher zerlegen und dann auf brauchbare Zähnezahlen erweitern:

$$\frac{TR}{GR} = \frac{1}{8} = \frac{1 \cdot 1}{2 \cdot 4} = \frac{35 \cdot 30}{70 \cdot 120}.$$

Probe: Zu schneidende Steigung $= \dfrac{TR}{GR} \times \text{Masch.-Steig.} = \dfrac{35 \cdot 30 \cdot 12}{70 \cdot 120} = \dfrac{3}{2} = 1,5 \text{ mm.}$

3. Wechselräder für Modulsteigungen.

Um auf Drehbänken mit Millimeterspindel Modulsteigungen zu schneiden, müssen bei Berechnung der Wechselräder für die Zahl $\pi = 3,14159$ mm angenäherte Werte benutzt werden. Diese Werte wurden schon an anderer Stelle genannt, nämlich bei der Berechnung für Diametral-Pitch an Bänken mit Zollspindel (s. S. 18).

Für die meisten dieser Annäherungswerte sind besondere Wechselräder notwendig. Man lese hierüber sowie über die bei Benutzung entstehenden Abweichungen das eben genannte Kapitel nach.

31. Beispiel. Auf einer Drehbank mit 6 mm Maschinensteigung soll ein Gewinde von 1 Modul Steigung geschnitten werden.

$$\frac{TR}{GR} = \frac{\text{Zu schneid. Steig.}}{\text{Masch.-Steig.}} = \frac{1 \, \pi \text{ mm}}{6 \text{ mm}} = \frac{\pi}{6}.$$

Nun setze man für π einen der Annäherungswerte ein. Der Wert $^{22}/_7$ ist rechnerisch überall anwendbar, verursacht jedoch einen zu großen Fehler. Wir wählen deshalb $\pi \approx \dfrac{19 \cdot 21}{127}$, obgleich dann ein 127er Rad benötigt wird.

$$\frac{TR}{GR} = \frac{\pi}{6} \approx \frac{19 \cdot 21}{6 \cdot 127}.$$

Auf brauchbare Zähnezahlen erweitert:

$$\frac{TR}{GR} = \frac{19 \cdot 21}{6 \cdot 127} = \frac{19 \cdot 3 \cdot 7}{2 \cdot 3 \cdot 127} = \frac{19 \cdot 7}{2 \cdot 127} = \frac{95 \cdot 70}{100 \cdot 127}.$$

Probe:

$$\text{Zu schneidende Steigung} = \frac{\text{TR}}{\text{GR}} \times \text{Masch.-Steig.} = \frac{95 \cdot 70 \cdot 6}{100 \cdot 127} = \frac{399}{127} = 3{,}14173 \text{ mm}.$$

Wir erhalten also $1\,\pi$ mm Steigung mit einer Abweichung von $0{,}00014$ mm $= 0{,}04\,^0/_{00}$.

32. Beispiel. Es sei ein Gewinde von $8\,\pi$ Steigung zu schneiden. Die Maschinensteigung betrage 12 mm.

$$\frac{\text{TR}}{\text{GR}} = \frac{\text{Zu schneid. Steig.}}{\text{Masch.-Steig.}} = \frac{8 \cdot \pi}{12}.$$

Den Annäherungswert $\pi \approx \dfrac{13 \cdot 29}{4 \cdot 30}$ eingesetzt, gekürzt und auf brauchbare Zähnezahlen erweitert:

$$\frac{\text{TR}}{\text{GR}} = \frac{8 \cdot \pi}{12} = \frac{8 \cdot 13 \cdot 29}{12 \cdot 4 \cdot 30} = \frac{13 \cdot 29}{6 \cdot 30} = \frac{65 \cdot 58}{30 \cdot 60}.$$

Es wird also ein 58er Rad benötigt.

Probe:

$$\text{Zu schneidende Steigung} = \frac{\text{TR}}{\text{GR}} \times \text{Masch.-Steig.} = \frac{65 \cdot 58 \cdot 12}{30 \cdot 60} = \frac{13 \cdot 58}{30} = 25{,}13333 \text{ mm}.$$

Wir erhielten also die Steigung $8\,\pi = 25{,}13274$ mm mit einem Fehler von $0{,}00059$ mm $= 0{,}02\,^0/_{00}$.

33. Beispiel. Auf einer Drehbank mit 6 mm Maschinensteigung soll ein Gewinde von 1,75 Modul Steigung geschnitten werden.

$$\frac{\text{TR}}{\text{GR}} = \frac{\text{Zu schneid. Steig.}}{\text{Masch.-Steig.}} = \frac{1{,}75 \cdot \pi}{6} = \frac{175 \cdot \pi}{600}.$$

Wir setzen für $\pi \approx \dfrac{32 \cdot 27}{25 \cdot 11}$ ein und kürzen:

$$\frac{\text{TR}}{\text{GR}} = \frac{175 \cdot 32 \cdot 27}{600 \cdot 25 \cdot 11} = \frac{7 \cdot 4 \cdot 9}{25 \cdot 11}.$$

Wir ändern den Bruch so, daß der Zähler nur aus zwei Faktoren besteht und erweitern auf brauchbare Zähnezahlen:

$$\frac{\text{TR}}{\text{GR}} = \frac{7 \cdot 2 \cdot 2 \cdot 9}{25 \cdot 11} = \frac{14 \cdot 18}{25 \cdot 11} = \frac{70 \cdot 90}{125 \cdot 55}.$$

Probe:

$$\text{Zu schneidende Steigung} = \frac{\text{TR}}{\text{GR}} \times \text{Masch.-Steig.} = \frac{70 \cdot 90 \cdot 6}{125 \cdot 55} = 5{,}49818 \text{ mm}$$

$$1.75 \text{ Modul} = 5{,}49779 \text{ mm}.$$

Der Fehler beträgt also $0{,}00039$ mm $= 0{,}07\,^0/_{00}$.

4. Wechselräder für Diametral-Pitch-Steigungen.

Es ist:

$$1 \text{ Pitch-Steigung} = \pi'' \text{ Steigung}$$
$$2 \qquad\quad ,, \qquad\quad = \pi/2'' \quad ,, \quad \text{usw.}$$

Wenn die Maschinensteigung in Millimetern genannt ist, muß auch die zu schneidende Steigung in Millimetern ausgedrückt werden. Es ist also π'' in

Millimeter umzurechnen. Dafür können nur angenäherte Werte eingesetzt werden. Einige dieser Werte und ihre Fehler sind folgende:

Welches von diesen Übersetzungsverhältnissen zu benutzen ist, hängt von der Maschinensteigung und von der Pitch-Zahl ab. Man versuche zunächst den Wert zu benutzen, der den kleinsten Fehler verursacht, etwa $\frac{10 \cdot 17 \cdot 23}{7 \cdot 7}$. Erlangt man damit keine brauchbaren Zähnezahlen, so nehme man den nächstbesten, z. B. $\frac{21 \cdot 19}{5}$ oder $\frac{128 \cdot 48}{7 \cdot 11}$. Der erste ist fast immer anwendbar.

$\pi \cdot 1''$ engl. $=$ mm	79,796386 bei 20°	Benötigte Sonderräder
	Fehler	
$\approx 79{,}828571$ mm $= \dfrac{22 \cdot 127}{7 \cdot 5}$	$+\,0{,}40^{0}/_{00}$	127
$\approx 79{,}800000\ ,, \ = \dfrac{21 \cdot 19}{5}$	$+\,0{,}05^{0}/_{00}$	—
$\approx 79{,}795918\ ,, \ = \dfrac{10 \cdot 17 \cdot 23}{7 \cdot 7}$	$-0{,}01^{0}/_{00}$	—
$\approx 79{,}792207\ ,, \ = \dfrac{128 \cdot 48}{7 \cdot 11}$	$-0{,}05^{0}/_{00}$	128 und 48
$\approx 79{,}787234\ ,, \ = \dfrac{30 \cdot 25 \cdot 5}{47}$	$-0{,}11^{0}/_{00}$	47
$\approx 79{,}780219\ ,, \ = \dfrac{22 \cdot 330}{7 \cdot 13}$	$-0{,}20^{0}/_{00}$	—
$\approx 79{,}772727\ ,, \ = \dfrac{27 \cdot 65}{2 \cdot 11}$	$-0{,}30^{0}/_{00}$	27

34. Beispiel. Auf einer Drehbank mit 12 mm Maschinensteigung soll eine Schnecke von 8 Diametral-Pitch geschnitten werden.

$$\frac{\text{TR}}{\text{GR}} = \frac{\text{Zu schneid. Steig.}}{\text{Masch.-Steig.}} = \frac{\frac{1}{8}\pi''}{12 \text{ mm}} = \frac{\frac{1}{8}\pi \cdot 25{,}4}{12} = \frac{\pi \cdot 25{,}4}{8 \cdot 12},$$

für π'', d. h. $\pi \cdot 25{,}4$ den Annäherungswert $\frac{10 \cdot 17 \cdot 23}{7 \cdot 7}$ eingesetzt:

$$\frac{\text{TR}}{\text{GR}} = \frac{10 \cdot 17 \cdot 23}{8 \cdot 12 \cdot 7 \cdot 7} = \frac{5 \cdot 17 \cdot 23}{6 \cdot 8 \cdot 7 \cdot 7}.$$

Wir sehen, daß damit Räder aus unserem Satze nicht gefunden werden können, wir setzen deshalb $\pi \cdot 25{,}4 \approx \frac{21 \cdot 19}{5}$ ein:

$$\frac{\text{TR}}{\text{GR}} = \frac{21 \cdot 19}{8 \cdot 12 \cdot 5} = \frac{21 \cdot 19}{60 \cdot 8} = \frac{105 \cdot 19}{60 \cdot 40} = \frac{105 \cdot 95}{60 \cdot 200} = \frac{105 \cdot 95}{120 \cdot 100}.$$

Probe:

Zu schneidende Steigung $= \frac{\text{TR}}{\text{GR}} \times$ Masch.-Steig. $= \frac{105 \cdot 95 \cdot 12}{120 \cdot 100} = \frac{21 \cdot 19}{40} = 9{,}975000$ mm.

8 Pitch $= \frac{79{,}796392}{8} = 9{,}974549$ mm. Der Fehler beträgt also $0{,}000451$ mm $= 0{,}05^{0}/_{00}$.

35. Beispiel. Es soll ein Gewinde von 10 Pitch geschnitten werden. Die Maschinensteigung sei 6 mm.

$$\frac{\text{TR}}{\text{GR}} = \frac{\text{Zu schneid. Steig.}}{\text{Masch.-Steig.}} = \frac{\pi/10''}{6 \text{ mm}} = \frac{\pi \cdot 25{,}4}{10 \cdot 6}.$$

Für $\pi \cdot 25{,}4$ den Annäherungswert $\frac{10 \cdot 17 \cdot 23}{7 \cdot 7}$ eingesetzt:

$$\frac{\text{TR}}{\text{GR}} = \frac{10 \cdot 17 \cdot 23}{10 \cdot 6 \cdot 7 \cdot 7} = \frac{17 \cdot 23}{14 \cdot 21} = \frac{85 \cdot 115}{70 \cdot 105}.$$

Probe:

Zu schneidende Steigung $= \frac{\text{TR}}{\text{GR}} \times$ Masch.-Steig. $= \frac{85 \cdot 115 \cdot 6}{70 \cdot 105} = \frac{2346}{294} = 7{,}9795918$ mm.

Wir erhalten also die Steigung 10 Pitch $= 7{,}9796455$ mm mit einem Fehler von $0{,}000054$ mm $= 0{,}01^{0}/_{00}$.

Tabelle 1. Zusammenstellung der Rechnungsarten.

Steigung des zu schneid. Gewindes (Gstg) gegeben in:	Maschinensteigung (Mstg) gegeben in:	Räderverhältnis $= \dfrac{\text{Treibende Räder}}{\text{Getriebene Räder}} = \dfrac{TR}{GR}$
Gangzahlen auf 1''	Gangzahlen auf 1''	$\dfrac{\text{Mstg in Gg auf }1''}{\text{Gstg in Gg auf }1''}$
	mm	$\dfrac{25{,}4}{\text{Gstg in Gg a. }1''\cdot\text{Mstg in mm}} = \dfrac{127}{\text{Gstg in Gg a. }1''\cdot\text{Mstg in mm}\cdot 5}$ $\approx \dfrac{18\cdot 24}{\text{Gstg in Gg a. }1''\cdot\text{Mstg in mm}\cdot 17} \approx \dfrac{40\cdot 40}{\text{Gstg in Gg a. }1''\cdot\text{Mstg in mm}\cdot 7\cdot 9}$
engl. Zoll	engl. Zoll	$\dfrac{\text{Gstg in Zoll}}{\text{Mstg in Zoll}}$
	mm	$\dfrac{\text{Gstg in Zoll}\cdot 25{,}4}{\text{Mstg in mm}} = \dfrac{\text{Gstg in Zoll}\cdot 127}{\text{Mstg in mm}\cdot 5}$ $\approx \dfrac{\text{Gstg in Zoll}\cdot 18\cdot 24}{\text{Mstg in mm}\cdot 17} \approx \dfrac{\text{Gstg in Zoll}\cdot 40\cdot 40}{\text{Mstg in mm}\cdot 7\cdot 9}$
mm	engl. Zoll	$\dfrac{\text{Gstg in mm}}{\text{Mstg in Zoll}\cdot 25{,}4} = \dfrac{\text{Gstg in mm}\cdot 5}{\text{Mstg in Zoll}\cdot 127}$ $\approx \dfrac{\text{Gstg in mm}\cdot 17}{\text{Mstg in Zoll}\cdot 18\cdot 24} \approx \dfrac{\text{Gstg in mm}\cdot 7\cdot 9}{\text{Mstg in Zoll}\cdot 40\cdot 40}$
	mm	$\dfrac{\text{Gstg in mm}}{\text{Mstg in mm}}$
Modul-mm	engl. Zoll	$\dfrac{\text{Gstg in Modul}\cdot\pi}{\text{Mstg in Zoll}\cdot 25{,}4} = \dfrac{\text{Gstg in Modul}\cdot\pi\cdot 5}{\text{Mstg in Zoll}\cdot 127}$ $\approx \dfrac{\text{Gstg in Modul}\cdot 22\cdot 5}{\text{Mstg in Zoll}\cdot 7\cdot 127}$ oder besser $\approx \dfrac{\text{Gstg in Modul}\cdot 47}{\text{Mstg in Zoll}\cdot 4\cdot 95}$ $\approx \dfrac{\text{Gstg in Modul}\cdot 5\cdot 19}{\text{Mstg in Zoll}\cdot 32\cdot 24} \approx \dfrac{\text{Gstg in Modul}\cdot 12}{\text{Mstg in Zoll}\cdot 97}$
	mm	$\dfrac{\text{Gstg in Modul}\cdot\pi}{\text{Mstg in mm}} \approx \dfrac{\text{Gstg in Modul}\cdot 22}{\text{Mstg in mm}\cdot 7}$ oder besser $\approx \dfrac{\text{Gstg in Modul}\cdot 32\cdot 27}{\text{Mstg in mm}\cdot 25\cdot 11} \approx \dfrac{\text{Gstg in Modul}\cdot 19\cdot 21}{\text{Mstg in mm}\cdot 127}$ $\approx \dfrac{\text{Gstg in Modul}\cdot 25\cdot 47}{\text{Mstg in mm}\cdot 22\cdot 17} \approx \dfrac{\text{Gstg in Modul}\cdot 8\cdot 97}{\text{Mstg in mm}\cdot 13\cdot 19}$ $\approx \dfrac{\text{Gstg in Modul}\cdot 13\cdot 29}{\text{Mstg in mm}\cdot 4\cdot 30} \approx \dfrac{\text{Gstg in Modul}\cdot 5\cdot 71}{\text{Mstg in mm}\cdot 113}$
Diamétral-Pitch	Gangzahlen auf 1'' engl.	$\dfrac{\text{Mstg in Gg auf }1''\cdot\pi}{\text{Gstg in Pitch}} \approx \dfrac{\text{Mstg in Gg auf }1''\cdot 22}{\text{Gstg in Pitch}\cdot 7}$ oder besser $\approx \dfrac{\text{Mstg in Gg auf }1''\cdot 32\cdot 27}{\text{Gstg in Pitch}\cdot 25\cdot 11} \approx \dfrac{\text{Mstg in Gg auf }1''\cdot 19\cdot 21}{\text{Gstg in Pitch}\cdot 127}$ $\approx \dfrac{\text{Mstg in Gg auf }1''\cdot 25\cdot 47}{\text{Gstg in Pitch}\cdot 22\cdot 17} \approx \dfrac{\text{Mstg in Gg auf }1''\cdot 8\cdot 97}{\text{Gstg in Pitch}\cdot 13\cdot 19}$ $\approx \dfrac{\text{Mstg in Gg auf }1''\cdot 13\cdot 29}{\text{Gstg in Pitch}\cdot 4\cdot 30} \approx \dfrac{\text{Mstg in Gg auf }1''\cdot 5\cdot 71}{\text{Gstg in Pitch}\cdot 113}$
	engl. Zoll	$\dfrac{\pi}{(\text{Gstg in Pitch})\cdot(\text{Mstg in Zoll})} \approx \dfrac{22}{(\text{Gstg in Pitch})\cdot(\text{Mstg in Zoll})\cdot 7}$ oder besser $\approx \dfrac{32\cdot 27}{(\text{Gstg in Pitch})\cdot(\text{Mstg in Zoll})\cdot 25\cdot 11} \approx \dfrac{19\cdot 21}{(\text{Gstg in Pitch})\cdot(\text{Mstg in Zoll})\cdot 127}$ $\approx \dfrac{25\cdot 47}{(\text{Gstg in Pitch})\cdot(\text{Mstg in Zoll})\cdot 22\cdot 17} \approx \dfrac{8\cdot 97}{(\text{Gstg in Pitch})\cdot(\text{Mstg in Zoll})\cdot 13\cdot 19}$ $\approx \dfrac{13\cdot 29}{(\text{Gstg in Pitch})\cdot(\text{Mstg in Zoll})\cdot 4\cdot 30} \approx \dfrac{5\cdot 71}{(\text{Gstg in Pitch})\cdot(\text{Mstg in Zoll})\cdot 113}$
	mm	$\dfrac{\pi\cdot 25{,}4}{(\text{Gstg in Pitch})\cdot(\text{Mstg in mm})} \approx \dfrac{22\cdot 127}{(\text{Gstg in Pitch})\cdot(\text{Mstg in mm})\cdot 7\cdot 5}$ oder besser $\approx \dfrac{21\cdot 19}{(\text{Gstg in Pitch})\cdot(\text{Mstg in mm})\cdot 5} \approx \dfrac{10\cdot 17\cdot 23}{(\text{Gstg in Pitch})\cdot(\text{Mstg in mm})\cdot 7\cdot 7}$ $\approx \dfrac{128\cdot 48}{(\text{Gstg in Pitch})\cdot(\text{Mstg in mm})\cdot 7\cdot 11} \approx \dfrac{30\cdot 125}{(\text{Gstg in Pitch})\cdot(\text{Mstg in mm})\cdot 47}$

36. Beispiel. Es sei ein Gewinde von 7 Pitch zu schneiden. Die Maschinensteigung sei 6 mm.

$$\frac{TR}{GR} = \frac{\text{Zu schneid. Steig.}}{\text{Masch.-Steig.}} = \frac{{}^1\!/_7\,\pi''}{6\ \text{mm}} = \frac{\pi \cdot 25{,}4}{7 \cdot 6}.$$

Für $\pi \cdot 25{,}4$ setzen wir den angenäherten Wert $\dfrac{21 \cdot 19}{5}$ ein und erhalten:

$$\frac{TR}{GR} = \frac{21 \cdot 19}{7 \cdot 6 \cdot 5} = \frac{19}{10} = \frac{95}{50}\ \text{(Zwischenrad beliebig)}.$$

Probe: Zu schneidende Steigung $= \dfrac{TR}{GR} \times$ Masch.-Steig. $= \dfrac{95 \cdot 6}{50} = \dfrac{114}{10} = 11{,}4$ mm.

Da 7 Pitch $= 11{,}3995$ mm Steigung ist, so schneiden die gefundenen Räder eine Steigung, die von der gewünschten um $0{,}0005$ mm abweicht, also um $0{,}05\,^0\!/_{00}$.

IV. Wechselräderberechnung für schwierige Steigungen.

Für jede Steigung, auch für sog. wilde Gewinde, können Wechselräder bestimmt werden, jedoch lassen sich häufig nur Räder finden, welche die gewünschte Steigung angenähert ergeben. Da es nun aber überhaupt nicht möglich ist, mathematisch genaue Gewinde herzustellen, selbst wenn die Räder das richtige Verhältnis ergeben, weil alle Fehler der Drehbank, der Leitspindel usw. beim Schneiden übertragen werden, genügen in jedem Falle angenähert richtige Wechselräder. Als zulässige Fehlergrenze möchte ich $0{,}2\,^0\!/_{00}$ nennen, d. h. der Steigungsunterschied darf auf 1 m $=$ 1000 mm Länge 0,2 mm betragen. Diese Genauigkeit genügt im Maschinenbau für fast alle Zwecke. Kurze Befestigungsgewinde können sogar mit einem größeren Fehler hergestellt werden, vielleicht mit $0{,}5\,^0\!/_{00}$. Nur Leitspindeln, Spindeln für Meßapparate usw. dürfen nicht einmal einen Fehler von $0{,}2\,^0\!/_{00}$ aufweisen. Aber auch hierfür lassen sich Räder berechnen, allerdings erhält man dabei meist ungewöhnliche Zähnezahlen, so daß die Räder besonders angefertigt werden müssen.

Die Berechnung für schwierige Steigungen selbst geht in der üblichen Weise vor sich, indem das Räderverhältnis nach einem der Leitsätze aufgestellt wird. Die Schwierigkeit besteht darin, für das betreffende Verhältnis diejenigen Räder aufzusuchen, die seinem Wert am nächsten kommen. Um das zu erleichtern, ist dem Hefte eine Faktorentafel beigegeben, in der alle Zahlen von 1 bis 10000 in Faktoren zerlegt sind, sofern der größte Faktor nicht größer als 127 ist, so daß also die Faktoren durch Wechselradzähnezahlen ersetzt werden können. Zahlen, die einen größeren Faktor aufweisen und sog. Primzahlen, das sind solche, die sich überhaupt nicht zerlegen lassen, wurden ausgelassen. Man sagt, eine Zahl ist in Faktoren zerlegt, wenn für diese die kleinsten Zahlen genannt werden, die miteinander multipliziert, die ursprüngliche Zahl ergeben, z. B. sind $2 \times 2 \times 2 \times 3 \times 5$ die Faktoren der Zahl 120. In der Tafel ist für die Faktoren, die sich wiederholen, eine andere Schreibweise gewählt worden, für $2 \times 2 \times 2$ ist beispielsweise 2^3 geschrieben, d. h. die Zahl 2 wurde 3mal mit sich selbst multipliziert, also $2 \times 2 \times 2 = 2^3 = 8$.

Um für ein Räderverhältnis Wechselräder zu finden, versuche man Zähler und Nenner dieses Verhältnisses mit Hilfe der Faktorentafel in Faktoren zu zerlegen und die entsprechenden Räder einzusetzen. Ist dies möglich, so erhält man eine Übersetzung ohne jeden Fehler, ist es nicht möglich, so kann man Wechselräder nur angenähert bestimmen.

Dabei ist folgendermaßen zu verfahren:

Man zerlege das Räderverhältnis in zwei Brüche, von denen der eine dieses Ver-hältnis angenähert wiedergibt, während der andere, der „Ergänzungsbruch", den ersten zu dem richtigen Räderverhältnis ergänzt, d. h. wird der erste Bruch mit dem Ergänzungsbruch multipliziert, so entsteht wieder genau das Räderverhältnis. Da schon der erste Bruch das ganze Verhältnis angenähert wieder-gibt, werden Zähler und Nenner des Ergänzungsbruches immer fast gleich groß sein,

$$z.\ B.: \quad \frac{TR}{GR} = \frac{6{,}85}{10} = \frac{15}{22} \cdot \frac{6{,}85/15}{10/22} = \frac{15 \cdot 22 \cdot 6{,}85}{22 \cdot 15 \cdot 10} = \frac{15 \cdot 150{,}7}{22 \cdot 150} .$$

Hierin bedeutet $\frac{15}{22}$ den angenäherten Bruch und $\frac{6{,}85/15}{10/22}$ bzw. $\frac{150{,}7}{150}$ den Er-gänzungsbruch.

Für das Auffinden des „angenäherten Bruches" benutzt man die Tabelle 2 (s. S. 39),

$$z.\ B.: \quad 6{,}85 : 10 = 0{,}685 \approx 15/22 .$$

Um für den „Ergänzungsbruch" die Faktorentafel richtig benutzen zu können, ist der Ergänzungsbruch so umzuwandeln, daß der Unterschied zwischen Zähler und Nenner gleich 1 ist. Zu diesem Zweck dividiert man den Zähler sowie den Nenner durch den Unterschied beider; also in dem Beispiel oben durch 0,7, da der Unterschied zwischen dem Zähler 150,7 und dem Nenner 150 = 0,7 ist: 150,7 : 0,7 = 215,3; 150 : 0,7 = 214,3.

$$Also: \quad \frac{15 \cdot 150{,}7}{22 \cdot 150} = \frac{15 \cdot 215{,}3}{22 \cdot 214{,}3} .$$

Die so erhaltenen Zahlen suche man mit Hilfe der Faktorentafel in Faktoren zu zerlegen; etwaige bei der Umwandlung entstehende Dezimalstellen können weggelassen werden. Da sich diese Zahlen aber fast nie in Faktoren zerlegen lassen, so muß man sich mit einer Annäherung begnügen: **man vergrößere oder verkleinere Zähler und Nenner des Ergänzungsbruches immer um eine gleich große Zahl, bis sie sich in Faktoren zerlegen lassen.** Bei dieser Vergrößerung oder Verkleinerung bleibt der bestehende Unterschied von 1 zwischen Zähler und Nenner des Ergänzungsbruches erhalten. Da dieser Unterschied im Ver-hältnis zu Zähler und Nenner sehr klein ist, so wird auch der entstehende Fehler sehr klein.

Der Fehler ist natürlich um so kleiner, je weniger von den Ausgangszahlen abgewichen wird. Er ist ferner um so kleiner, je größer Zähler und Nenner des Ergänzungsbruches sind. Es kommt vor, daß diese sehr klein ausfallen — etwa unter 1000 —, nämlich dann, wenn der Annäherungsbruch dem Räderverhältnis nicht nahe genug kam. Damit der Fehler nicht zu groß wird, ist dann zu empfehlen, den Bruch zu erweitern, indem man den Zähler sowie den Nenner durch Mul-tiplizieren mit einer und derselben Zahl vergrößert, und zwar mit einer solchen die ein leichtes Aufsuchen in der Faktorentafel gestattet. Empfehlenswert sind die Zahlen 5, 6, 10, 20, 30, 50,

$$z.\ B.: \quad \frac{15 \cdot 215{,}3\,(\times 10)}{22 \cdot 214{,}3\,(\times 10)} = \frac{15 \cdot 2153}{22 \cdot 2143} .$$

Beim Aufsuchen der Faktoren muß natürlich der so vergrößerte Unterschied zwischen Zähler und Nenner beibehalten werden,

$$z.\ B.: \quad \frac{15 \cdot 2153}{22 \cdot 2143} \approx \frac{15 \cdot 2156}{22 \cdot 2146} = \frac{15 \cdot 2^2 \cdot 7^2 \cdot 11}{22 \cdot 2 \cdot 29 \cdot 37} .$$

Hierbei ist bei Zähler und Nenner des vergrößerten Ergänzungsbruches um 3 abgewichen worden, nämlich 2156 statt 2153 und 2146 statt 2143. Der vergrößerte Unterschied von 10 zwischen beiden Zahlen wurde aber beibehalten.

Hat man die Zerlegung in Faktoren dann durchgeführt, so findet man die Zähnezahlen der Wechselräder durch Kürzen und Erweitern des Ergänzungs- und Annäherungsbruches in der bekannten Weise

$$\text{z. B.:} \qquad \frac{15 \cdot 2^2 \cdot 7^2 \cdot 11}{22 \cdot 2 \cdot 29 \cdot 37} = \frac{15 \cdot 4 \cdot 49 \cdot 11}{22 \cdot 2 \cdot 29 \cdot 37} = \frac{15 \cdot 49}{29 \cdot 37} = \frac{60 \cdot 49}{58 \cdot 74}.$$

Um die Größe des Fehlers beurteilen zu können, rechne man in der beschriebenen Weise die Steigung aus, die die gefundenen Räder ergeben. Meistens ist es möglich, mit normalen oder wenigen Sonderrädern auszukommen, wenn man sich in der Faktorentafel von den Ausgangszahlen etwas weiter entfernt; natürlich muß der dadurch entstehende größere Fehler zulässig sein,

$$\text{z. B.:} \qquad \frac{15 \cdot 2145}{22 \cdot 2135} = \frac{15 \cdot 3 \cdot 5 \cdot 11 \cdot 13}{22 \cdot 5 \cdot 7 \cdot 61} = \frac{9 \cdot 65}{14 \cdot 61} = \frac{45 \cdot 65}{70 \cdot 61}.$$

In diesem Falle ist der Zähler und Nenner des Ergänzungsbruches um 8 kleiner, nämlich 2145 statt 2153 und 2135 statt 2143. Der Fehler wird dadurch etwas größer, jedoch braucht nur 1 Sonderrad (61) angefertigt zu werden, während vorher 3 Sonderräder (49, 58 und 79) benötigt wurden.

Die gleiche Rechnungsart läßt sich auch für die Berechnung schwieriger Spiralsteigungen an Fräsmaschinen mit Universalteilkopf anwenden.

Kurze Anweisung für den Rechnungsgang.

1. Man zerlege das Räderverhältnis in einen angenäherten und einen Ergänzungsbruch mit Hilfe der Tabelle 2 (s. S. 39).

2. Man wandle den Ergänzungsbruch um in einen solchen, dessen Zähler und Nenner nur einen Unterschied von 1 aufweisen.

3. Wenn Zähler und Nenner dabei zu klein ausfallen, erweitere man den Bruch durch Multiplizieren mit einer ganzen Zahl (2, 3, 4, 5, 6, 7, 10, 20, 30, 50).

4. Man suche in der Faktorentafel die nächstbesten Zahlen, die sich in Faktoren zerlegen lassen. Man bedenke dabei, daß die nächstbesten Zahlen an den verschiedenen Stellen in der Faktorentafel verschieden weit von der Ausgangszahl entfernt liegen können.

5. Man bestimme die Wechselräder aus den Faktoren des Annäherungsbruches und des Ergänzungsbruches in der bekannten Weise.

6. Man rechne die Steigung aus, die mit den gefundenen Rädern erhalten wird.

Man kürze den obigen Rechnungsgang nicht ab, obgleich es in manchen Fällen möglich ist!

37. Beispiel. Auf einer Drehbank mit einer Maschinensteigung von $1/4''$ engl. soll ein Gewinde von 12 Gang auf $1''$ preuß. geschnitten werden ($1''$ engl. $= 25,4$ mm; $1''$ preuß. $= 26,1545$ mm).

$$\frac{TR}{GR} = \frac{\text{Zu schneid. Steig.}}{\text{Masch.-Steig.}} = \frac{26,1545/12}{25,4/4} = \frac{4 \cdot 26,1545}{12 \cdot 25,4000} = \frac{104,618}{304,800} = \frac{104618}{304800}.$$

Schon aus den großen Zahlen ersieht man, daß nur Räder für ein angenähertes Räderverhältnis gefunden werden können. Um diese aufsuchen zu können, zerlegen wir das Verhältnis in den angenäherten Bruch und den Ergänzungsbruch mit Hilfe der Tabelle 2. Es ist $104\,618 : 304\,800 = 0,3432$.

Der nächstliegende Bruch ist $0{,}343 = 12/35$.

Wir zerlegen wie folgt: $\dfrac{TR}{GR} = \dfrac{12 \cdot 104618/12}{35 \cdot 304800/35} = \dfrac{12 \cdot 8718{,}17}{35 \cdot 8708{,}57}$.

Nun verwandeln wir den Ergänzungsbruch in einen solchen, dessen Zähler und Nenner um 1 verschieden sind, indem wir durch deren Unterschied dividieren. $8718{,}17 - 8708{,}57 = 9{,}6$; $8718{,}17 : 9{,}6 = 908{,}1$; $8708{,}57 : 9{,}6 = 907{,}1$. Da uns die Zahlen $908{,}1$ und $907{,}1$ zu klein erscheinen, multiplizieren wir mit 10.

Es ist also: $\dfrac{TR}{GR} = \dfrac{12 \cdot 8718{,}17}{35 \cdot 8708{,}57} = \dfrac{12 \cdot 908{,}1}{35 \cdot 907{,}1} = \dfrac{12 \cdot 9081}{35 \cdot 9071}$.

Jetzt suchen wir die Zahlen des Ergänzungsbruches in der Faktorentafel auf. Als nächste Zahlen, die sich in Faktoren für 4 Räder zerlegen lassen, finden wir

$$\frac{TR}{GR} = \frac{12 \cdot 9135}{35 \cdot 9125} = \frac{12 \cdot 3^2 \cdot 5 \cdot 7 \cdot 29}{35 \cdot 5^3 \cdot 73} = \frac{12 \cdot 3^2 \cdot 29}{5^3 \cdot 73} = \frac{36 \cdot 87}{125 \cdot 73} \tag{1}$$

Hierfür sind 3 Sonderräder erforderlich.

Sucht man weiter, findet man Räderverhältnisse, die keine Sonderräder erforderlich machen. **Man beachte jedoch, daß der Fehler um so größer wird, je weiter man sich von den Ausgangszahlen entfernt.** Wir finden z. B.:

$$\frac{TR}{GR} = \frac{12 \cdot 8750}{35 \cdot 8740} = \frac{12 \cdot 2 \cdot 5^4 \cdot 7}{35 \cdot 2^2 \cdot 5 \cdot 19 \cdot 23} = \frac{6 \cdot 25}{19 \cdot 23} = \frac{30 \cdot 125}{95 \cdot 115} \tag{2}$$

Probe: Zu schneidende Steigung $= \dfrac{TR}{GR} \cdot$ Masch.-Steigung.

Die durch die gefundenen Räder geschnittene Steigung ist also:

für $\dfrac{12 \cdot 9135}{35 \cdot 9125}$ $\qquad\qquad \dfrac{36 \cdot 87 \cdot 6{,}35}{125 \cdot 73} = 2{,}17953$ mm $\tag{1}$

für $\dfrac{12 \cdot 8750}{35 \cdot 8740}$ $\qquad\qquad \dfrac{30 \cdot 125 \cdot 6{,}35}{95 \cdot 115} = 2{,}17963$ mm $\tag{2}$

Da die gewünschte Steigung $\dfrac{26{,}1545}{12} = 2{,}17954$ mm ist, beträgt der Fehler:

Im 1. Falle: $\qquad\qquad 2{,}17953 - 2{,}17954 = (-)\,0{,}00001$ mm.

Im 2. Falle: $\qquad\qquad 2{,}17963 - 2{,}17954 = (+)\,0{,}00009$ mm.

Im 1. Falle ist die erhaltene Steigung etwas zu klein, was durch das „—“-Zeichen gekennzeichnet, im 2. Falle etwas zu groß, was durch das „+“-Zeichen ausgedrückt wurde. Um die Größe der Fehler beurteilen zu können, beziehen wir sie wieder auf 1000 mm. Es ist:

$$\text{Fehler auf } 1000 \ (^0/_{00}) = \frac{\text{Fehler auf einer Steig. (mm)}}{\text{Zu schneid. Steig. (mm)}} \times 1000.$$

Im 1. Falle: $\qquad \dfrac{0{,}00001 \cdot 1000}{2{,}17954} = -0{,}0046\,^0/_{00}$.

Im 2. Falle: $\qquad \dfrac{0{,}00009 \cdot 1000}{2{,}17954} = +0{,}041\,^0/_{00}$.

Die zuerst gefundenen Räder ergeben eine sehr kleine Abweichung; aber auch der Fehler von $0{,}041\,^0/_{00}$ ist für fast alle Gewinde zulässig.

38. Beispiel. Es sollen Gewindebohrer mit einer Steigung von 14 Gang auf 1″ hergestellt werden. Die Maschinensteigung der Drehbank sei 8 Gang auf 1″. Durch Versuche wurde festgestellt, daß der Stahl für die Gewindebohrer beim Härten auf 1″ Länge um 0,04 mm schrumpft. Um dies auszugleichen, sollen die

Bohrer um so viel verlängert geschnitten werden. Die zu schneidende Steigung beträgt also $\dfrac{25{,}4 + 0{,}04}{14} = 25{,}44/14$ mm.

$$\frac{TR}{GR} = \frac{\text{Zu schneid. Steig.}}{\text{Masch.-Steig.}} = \frac{25{,}44/14}{25{,}4/8} = \frac{8 \cdot 25{,}44}{14 \cdot 25{,}4} = \frac{4 \cdot 636}{7 \cdot 635} .$$

In Faktoren zerlegt:

$$\frac{TR}{GR} = \frac{4 \cdot 2^2 \cdot 3 \cdot 53}{7 \cdot 5 \cdot 127} = \frac{48 \cdot 53}{35 \cdot 127} \tag{1}$$

Wir erhalten also die gewünschte Steigung ohne jeden Fehler; jedoch müssen außer dem 127er Rad noch 2 besondere Räder (48 und 53) angefertigt werden. Um dies zu vermeiden, suchen wir angenäherte Werte auf und finden:

$$\frac{TR}{GR} \approx \frac{4 \cdot 630}{7 \cdot 629} = \frac{4 \cdot 2 \cdot 3^2 \cdot 5 \cdot 7}{7 \cdot 17 \cdot 37} = \frac{8 \cdot 45}{17 \cdot 37} = \frac{40 \cdot 45}{85 \cdot 37} \tag{2}$$

In diesem Falle wird nur noch ein Sonderrad mit 37 Zähnen benötigt. Da man möglichst ohne besondere Räder schneiden will, muß man weitere Annäherungswerte suchen. Wir finden schließlich:

$$\frac{TR}{GR} \approx \frac{4 \cdot 476}{7 \cdot 475} = \frac{4 \cdot 2^2 \cdot 7 \cdot 17}{7 \cdot 5^2 \cdot 19} = \frac{16 \cdot 17}{25 \cdot 19} = \frac{80 \cdot 85}{125 \cdot 95} \tag{3}$$

oder auch:

$$\frac{TR}{GR} \approx \frac{4 \cdot 833}{7 \cdot 832} = \frac{4 \cdot 7^2 \cdot 17}{7 \cdot 2^6 \cdot 13} = \frac{4 \cdot 7 \cdot 7 \cdot 17}{7 \cdot 2 \cdot 2 \cdot 2 \cdot 2 \cdot 2 \cdot 2 \cdot 13} = \frac{7 \cdot 17}{16 \cdot 13} = \frac{35 \cdot 85}{80 \cdot 65} \tag{4}$$

Probe: $\qquad$ Zu schneid. Steig. $= \dfrac{TR}{GR} \times$ Masch.-Steig.

Zu (1) $\quad \dfrac{48 \cdot 53 \cdot 25{,}4}{35 \cdot 127 \cdot 8} = 1{,}81714$ mm $\qquad$ Zu (2) $\quad \dfrac{40 \cdot 45 \cdot 25{,}4}{85 \cdot 37 \cdot 8} = 1{,}81717$ mm

Zu (3) $\quad \dfrac{80 \cdot 85 \cdot 25{,}4}{125 \cdot 95 \cdot 8} = 1{,}81811$ mm $\qquad$ Zu (4) $\quad \dfrac{35 \cdot 85 \cdot 25{,}4}{80 \cdot 65 \cdot 8} = 1{,}81647$ mm

Um zu sehen, welche Verlängerung die Räder auf $1''$ ergeben, multiplizieren wir die erhaltenen Steigungen mit 14 (14 Gang auf $1''$) und erhalten:

Zu (1) $\quad 1{,}81714 \cdot 14 = 25{,}44 \quad$ mm (Verlängerung $0{,}04 \quad$ mm),
,, (2) $\quad 1{,}81717 \cdot 14 = 25{,}4404$,, (,, $0{,}0404$,,),
,, (3) $\quad 1{,}81811 \cdot 14 = 25{,}4535$,, (,, $0{,}0535$,,),
,, (4) $\quad 1{,}81647 \cdot 11 = 25{,}4305$,, (,, $0{,}0305$,,).

Wir sehen daraus, daß die beiden letzten Verhältnisse eine erhebliche Abweichung von der gewünschten Verlängerung der Steigung ergeben. Es ist deshalb zu empfehlen, die zweite Räderübersetzung zu benutzen, d. h. ein 37er Rad anzufertigen.

Wechselräder für Millimetersteigungen unter Berücksichtigung der Bezugstemperatur.

Leitspindel mit Zollsteigung.

Die deutsche Industrie hat aus praktischen Erwägungen 20^0 C als Norm angenommen (s. Normblätter DIN 102 und 524). Nach Festlegung der Bezugstemperatur des englischen Zolls auf 68^0 F $= 20^0$ C gilt ab 1. Januar 1932 der Umrechnungsfaktor

$$
\begin{aligned}
&\text{1 engl. Zoll} \quad = 25{,}399956 \text{ bezogen auf } 20^0 \\
&\text{1 ,, ,,} \quad = 25{,}394158 \quad \text{,,} \quad \text{,,} \quad 0^0 \\
&\text{1 amerik. Zoll} = 25{,}40005 \quad \text{,,} \quad \text{,,} \quad 20^0
\end{aligned}
$$

Die Ausdehnungszahl für Stahl ist 0,0000115.

Nur ganz vereinzelt, besonders in Frankreich, wird noch mit einer Bezugstemperatur von 0^0 gerechnet. Für Spindeln zu Meßgeräten und für Leitspindeln ist in solchen Fällen die Bezugstemperatur unbedingt zu berücksichtigen. Es sei aber an dieser Stelle besonders darauf hingewiesen, daß für die Berechnung der Wechselräder für solch genaue Spindeln unbedingt die tatsächlich vorhandene Maschinensteigung eingesetzt werden muß. Diese ist vorher durch Schneiden einer Probespindel, die auf einem Steigungsmeßgerät gemessen wird, festzustellen. Von großer Wichtigkeit ist ferner, daß das Arbeitsstück durch das Gewindeschneiden nicht erwärmt wird, da sonst die Steigung zu kurz wird.

Um bei Verwendung feststehender Lünetten beim Schneiden langer Gewinde eine örtliche Erwärmung zu vermeiden, werden die Lünettenbacken hier zweckmäßig als Rollen ausgeführt.

Die vorstehend angeführten Zollwerte sind in die Rechnung einzusetzen, wenn die Bezugstemperatur berücksichtigt werden soll. Man kann aber auch zuerst für diese Zahlen angenäherte Übersetzungsverhältnisse suchen und dann diese in die Rechnung einsetzen.

Zu diesem Zwecke zerlegen wir wieder den Bruch in einen angenäherten und einen Ergänzungsbruch.

Für die Bezugstemperatur von 20^0 ist das Verhältnis:

$$\frac{25{,}399956}{1} = \frac{76 \cdot (3 \cdot 25{,}399956)}{3 \qquad 76} = \frac{76 \cdot 76199868}{3 \cdot 76000000}\,.$$

Hierin bedeutet $\dfrac{76}{3}$ das angenäherte Zahlenverhältnis und $\dfrac{76199868}{76000000}$ den Ergänzungsbruch.

Der Bruch $\dfrac{76199868}{76000000}$ ist nunmehr in Faktoren zu zerlegen. Um dies zu erleichtern, kürzen wir den Bruch wieder, indem wir Zähler und Nenner durch ihren Unterschied, also durch 199868, dividieren. Wir erhalten auf diese Weise einen Bruch, dessen Zähler und Nenner um 1 verschieden sind und für den sich infolgedessen in der Tafel leicht Annäherungswerte finden lassen. Es ist:

$$76199868 : 199868 = 381{,}25 \quad \text{und} \quad 76000000 : 199868 = 380{,}25$$

Daraus folgt:

$$\frac{25{,}399956}{1} = \frac{76 \cdot 381{,}25}{3 \cdot 380{,}25}\,.$$

Für die Bezugstemperatur von 0^0 ist:

$$\frac{25{,}394158}{1} = \frac{76 \cdot (3 \cdot 25{,}394158)}{3 \cdot \qquad 76} = \frac{76 \cdot 76182474}{3 \cdot 76000000} = \frac{76 \cdot 417{,}5}{3 \cdot 416{,}5}\,.$$

Nun suchen wir für die Brüche $\dfrac{381{,}25}{380{,}25}$ und $\dfrac{417{,}5}{416{,}5}$ die angenäherten Zahlenverhältnisse auf, die sich in Faktoren zerlegen lassen. Wir finden in der Faktorentafel auf S. 41 eine ganze Reihe von Annäherungswerten, für die jedoch meistens besondere Wechselräder angefertigt werden müssen. Hier seien nur die genannt, für die keine besonderen Räder benötigt werden, abgesehen von dem 127. Rad für das zweite Übersetzungsverhältnis. Dazu seien die Fehler in $^0/_{00}$ verzeichnet, die diese Übersetzungsverhältnisse, bezogen auf die verschiedenen Temperaturen, verursachen.

Wir ersehen aus dieser Aufstellung, daß unter Umständen das an 3. Stelle genannte Übersetzungsverhältnis, das keine abnormen Räder erforderlich macht, einen kleineren Fehler ergibt, als das an 2. Stelle genannte mit einem 127er Rade, nämlich, wenn ein auf 0^0 bezogenes Millimetergewinde geschnitten werden soll.

1″ engl. =	mm	25,39416 bei 0°	25,399956 bei 20°
		Fehler durch nebenstehende Näherungswerte	
$1'' \approx \dfrac{324 \cdot 76}{323 \cdot 3} = \dfrac{2^2 \cdot 3^4 \cdot 76}{17 \cdot 19 \cdot 3} = \dfrac{36 \cdot 12}{17}$		$-0{,}693^0/_{00}$	$-0{,}465^0/_{00}$
$\approx \dfrac{381 \cdot 76}{380 \cdot 3} = \dfrac{3 \cdot 127 \cdot 76}{2^2 \cdot 5 \cdot 19 \cdot 3} = \dfrac{127}{5}$		$-0{,}230^0/_{00}$	$-0{,}0017^0/_{00}$
$\approx \dfrac{400 \cdot 76}{399 \cdot 3} = \dfrac{2^4 \cdot 5^2 \cdot 76}{3 \cdot 7 \cdot 19 \cdot 3} = \dfrac{16 \cdot 100}{7 \cdot 9}$		$-0{,}105^0/_{00}$	$+0{,}123^0/_{00}$
$\approx \dfrac{495 \cdot 76}{494 \cdot 3} = \dfrac{3^2 \cdot 5 \cdot 11 \cdot 76}{2 \cdot 13 \cdot 19 \cdot 3} = \dfrac{11 \cdot 30}{13}$		$+0{,}375^0/_{00}$	$+0{,}602^0/_{00}$

Für Spindeln zu Meßapparaten usw. sucht man jedoch einen besseren Annäherungswert auf und fertigt besondere Wechselräder an. An einem Beispiel soll dies gezeigt werden.

39. Beispiel. Es soll mit möglichst großer Genauigkeit eine Meßspindel von 1 mm Steigung, bezogen auf 0^0 geschnitten werden. Die Maschinensteigung ist $1^1/_4''$ engl. bei einer Bezugstemperatur von 20^0.

$$\frac{TR}{GR} = \frac{\text{Zu schneid. Steig.}}{\text{Masch.-Steig.}} = \frac{1}{25{,}39416/4} = \frac{4}{25{,}39416}.$$

Wollten wir keine besonderen Räder anfertigen, so müßten wir von den vorstehend genannten Übersetzungsverhältnissen dasjenige einsetzen, das den kleinsten Fehler verursacht, nämlich $\dfrac{16 \cdot 100}{7 \cdot 9}$ mit einem Fehler von $0{,}105^0/_{00}$. Dieser Fehler ist für den vorliegenden Verwendungszweck zu groß.

Wir sahen, daß wir für $25{,}39416 = \dfrac{76 \cdot 417{,}5}{3 \cdot 416{,}5}$ einsetzen können, es ist also:

$$\frac{TR}{GR} = \frac{4}{\dfrac{76 \cdot 417{,}5}{3 \cdot 416{,}5}} = \frac{4 \cdot 3 \cdot 416{,}5}{76 \cdot 417{,}5} = \frac{3 \cdot 416{,}5}{19 \cdot 417{,}5}.$$

Für $\dfrac{416{,}5}{417{,}5}$ sind die Faktoren des besten Annäherungswertes einzusetzen. Wir könnten z. B. aufsuchen: $\dfrac{415}{416}$.

In diesem Falle aber wollen wir eine sehr große Genauigkeit erreichen, multiplizieren deshalb mit 10 und suchen $\dfrac{4165}{4175}$ auf. Wir finden als nächstes $\dfrac{4161}{4171}$ und setzen es ein:

$$\frac{TR}{GR} = \frac{3 \cdot 3 \cdot 19 \cdot 73}{19 \cdot 43 \cdot 97} = \frac{9 \cdot 73}{43 \cdot 97} = \frac{27 \cdot 73}{129 \cdot 97}.$$

Probe:

$$\text{Zu schneidende Steigung} = \frac{TR}{GR} \times \text{Masch.-Steig.} = \frac{27 \cdot 73 \cdot 25{,}39416}{129 \cdot 97 \cdot 4} = 0{,}9999978 \text{ mm.}$$

Wir erhalten also die gewünschte Steigung mit einem Fehler von nur $0{,}0022^0/_{00}$.

Leitspindel mit Millimetersteigung.

40. Beispiel. Auf einer Drehbank mit 10 mm Maschinensteigung soll eine Leitspindel von 6 mm Steigung geschnitten werden. Während die Maße der

Leitspindel der Drehbank für 0^0 Bezugstemperatur gelten (durch Messung festgestellt), soll die zu schneidende Leitspindel auf 20^0 bezogen werden. Die Gewindesteigung ist also um so viel kleiner zu halten, als der Ausdehnung des Stahls bei Erwärmung von 0 auf 20^0 entspricht. Die Ausdehnungszahl für Stahl ist 0,0000115, d. h. Stahl dehnt sich für je 1^0 um das 0,0000115fache seiner Länge aus. Infolgedessen sind die Wechselräder für eine Steigung zu berechnen, die um $6 \times 20 \times 0,0000115$ mm $= 0,00138$ mm kleiner ist, also $6 - 0,00138 = 5,99862$ mm.

$$\frac{TR}{GR} = \frac{\text{Zu schneid. Steig.}}{\text{Masch.-Steig.}} = \frac{5,99862}{10} = \frac{599862}{1000000}.$$

Der Bruch verhält sich angenähert wie $3:5$. Wir zerlegen den Bruch in der beschriebenen Weise und erhalten:

$$\frac{TR}{GR} = \frac{599862}{1000000} = \frac{3 \cdot 99977}{5 \cdot 100000}.$$

Nun kürzen wir Zähler und Nenner mit dem Unterschied von 23 und erhalten ein Zahlenpaar, das um 1 verschieden ist:

$$\frac{TR}{GR} = \frac{3 \cdot 99977}{5 \cdot 100000} = \frac{3 \cdot 4346,8}{5 \cdot 4347,8}.$$

Wir suchen für den so erhaltenen Bruch in der Tafel einen Annäherungswert auf und finden:

$$\frac{TR}{GR} = \frac{3 \cdot 4346,8}{5 \cdot 4347,8} \approx \frac{6 \cdot 4346}{10 \cdot 4347} = \frac{3 \cdot 2 \cdot 41 \cdot 53}{5 \cdot 3^3 \cdot 7 \cdot 23} = \frac{3 \cdot 2 \cdot 41 \cdot 53}{5 \cdot 3 \cdot 3 \cdot 3 \cdot 7 \cdot 23} = \frac{82 \cdot 53}{105 \cdot 69}. \tag{1}$$

Weil wir von den Ausgangszahlen nur wenig abgewichen sind, ist das Ergebnis fast mathematisch genau. Es werden drei besondere Räder benötigt. Um weniger abnorme Räder anfertigen zu müssen, suchen wir weiter und finden unter anderem:

$$\frac{TR}{GR} \approx \frac{3 \cdot 4250}{5 \cdot 4251} = \frac{3 \cdot 2 \cdot 5^3 \cdot 17}{5 \cdot 3 \cdot 13 \cdot 109} = \frac{3 \cdot 2 \cdot 5 \cdot 5 \cdot 5 \cdot 17}{5 \cdot 3 \cdot 13 \cdot 109} = \frac{50 \cdot 17}{13 \cdot 109} = \frac{50 \cdot 85}{65 \cdot 109}. \tag{2}$$

Probe: Zu schneidende Steigung $= \dfrac{TR}{GR} \times$ Masch.-Steig.

Zu (1) $\qquad \dfrac{82 \cdot 53 \cdot 10}{105 \cdot 69} = 5,9986197$ mm.

Zu (2) $\qquad \dfrac{50 \cdot 85 \cdot 10}{65 \cdot 109} = 5,9985886$ mm.

Da die gewünschte Steigung 5,99862 mm ist, beträgt der Fehler:

Zu (1) $\qquad 5,99862 - 5,9986197 = 0,0000003$ mm.

Zu (2) $\qquad 5,99862 - 5,9985886 = 0,0000314$ mm.

Also auch im 2. Falle ist die Abweichung so klein, daß sie vernachlässigt werden kann.

V. Wechselräder für starksteigende Gewinde.

Die Wechselräder an sich werden wie früher beschrieben berechnet. Die Berechnung ergibt natürlich hohe Übersetzungen, die häufig mit vier Rädern nicht erreicht werden können. Es sind daher zum Schneiden starksteigender Gewinde solche Drehbänke zu benutzen, bei denen vorhandene Vorgelegeräder zur Übersetzung mitbenutzt werden können. In Abb. 9 (S. 6) ist der Spindelkasten einer solchen Drehbank gezeichnet. Das Zahnrad F, das die Bewegung auf die Herzhebelräder überträgt, kann umgeschaltet werden. Wird es von der Arbeitspindel angetrieben, so arbeitet die Maschine wie gewöhnlich; bei eingerücktem Rädervorgelege dagegen läuft die Stufenscheibe um so viel schneller als die Arbeitspindel, wie die Übersetzung der Vorgelegeräder beträgt. Wird nun das Rad F mit der Stufenscheibe gekuppelt, so läuft es ebenso schnell wie diese. In Abb. 9 sind die Vorgelegeräder J, K, L und M im Eingriff gezeichnet. Da $J = 52$, $K = 52$, $L = 78$ und $M = 26$ Zähne hat, so folgt $\frac{52 \cdot 78}{52 \cdot 26} = 3$, d. h. das Rad F dreht sich 3 mal so schnell, als wenn es mit der Arbeitspindel unmittelbar gekuppelt wäre. Damit erhält auch die Leitspindel die 3 fache Umdrehungszahl. Werden statt der Räder J und K die Räder G und H zum Kämmen gebracht, was durch Verschieben der beiden großen Räder auf der Vorgelegehülse geschieht, so folgt $\frac{80 \cdot 78}{24 \cdot 26} = 10$, d. h. das Rad F wird 10 mal so schnell wie die Arbeitspindel getrieben und mithin auch die Leitspindel. Bei der Wechselräderberechnung sind dann natürlich diese Übersetzungsverhältnisse zu berücksichtigen. Am besten geschieht dies in der Weise, daß man die Steigung der Leitspindel mit der jeweiligen Übersetzungszahl multipliziert und dann die so erhaltene „Maschinensteigung" in die Rechnung einsetzt. Ist z. B. die Leitspindelsteigung $= \frac{1}{2}''$ engl. und beträgt die Herzhebelübersetzung wie in Abb. 9 $= 1 : 2$, so ist die Maschinensteigung:

wenn Rad F mit der Arbeitspindel gekuppelt ist . . . . . . $= \dfrac{1 \cdot 1}{2 \cdot 2} = \dfrac{1''}{4}$

wenn Rad F mit der Stufenscheibe gekuppelt und das Vorgelege $3 : 1$ eingerückt ist . . . . $= \dfrac{1 \cdot 1 \cdot 3}{2 \cdot 2 \cdot 1} = \dfrac{3''}{4}$

wenn Rad F mit der Stufenscheibe gekuppelt und das Vorgelege $10 : 1$ eingerückt ist . . . . $= \dfrac{1 \cdot 1 \cdot 10}{2 \cdot 2 \cdot 1} = 2\frac{1}{2}''$.

VI. Wechselräderberechnung für Plangewinde.

Um Plangewinde schneiden zu können, muß auch die Supportspindel der Drehbank ihren Antrieb durch die Wechselräder erhalten. Ist dies der Fall, so bestimme man die Maschinensteigung für die Supportspindel in derselben Weise, wie es für die Leitspindel in dem Kapitel „Über Drehbänke" beschrieben wurde. Alsdann kann auch die Wechselradberechnung in derselben Weise wie für die Spindelgewinde vor sich gehen.

VII. Einige Kunstgriffe.

A. Gewindeschneiden mit 6 Wechselrädern.

Im Kapitel „Berechnung der Wechselräder" sahen wir, daß man den Zähler und Nenner des Übersetzungsverhältnisses in je zwei Faktoren zerlegen muß, wenn man statt 2 Räder 4 Wechselräder benötigt. Ebenso ist zu verfahren, wenn 6 Wechselräder notwendig sind, um die gewünschte Steigung zu erzeugen. Man muß dann den Zähler und Nenner in je 3 Faktoren zerlegen. Soll beispielsweise das Verhältnis $1 : 24$ durch 6 Wechselräder bestimmt werden, so zerlege man

$$\frac{TR}{GR} = \frac{1}{24} = \frac{1 \cdot 1 \cdot 1}{2 \cdot 3 \cdot 4} = \frac{40 \cdot 30 \cdot 25}{80 \cdot 90 \cdot 100}.$$

Auch hier ist zu beachten, daß die über dem Bruchstrich stehenden Räder als die treibenden und die darunter stehenden als die getriebenen aufzustecken sind.

Daß für eine Steigung 6 Wechselräder benötigt werden, kommt jedoch sehr selten vor. Die Drehbank muß eine sehr große Räderschere haben, um die Räder aufnehmen zu können, oder man muß für das dritte Räderpaar eine Hilfsschere anbringen.

B. Verkleinern, Vergrößern und Versetzen der Räder.

Häufig kommt es vor, daß die errechneten Wechselräder nicht aufgesteckt werden können, weil sie zu klein oder zu groß sind. In einem solchen Falle müssen die Zähnezahlen geändert werden, jedoch darf das Übersetzungsverhältnis dabei nicht geändert werden, z. B.:

$$\frac{TR}{GR} = \frac{2}{15} = \frac{1 \cdot 2}{3 \cdot 5} = \frac{25 \cdot 30}{75 \cdot 75}.$$

Sollten nun diese Räder an einer Drehbank nicht zum Eingriff zu bringen sein, so können, wie schon aus der Art der Berechnung hervorgeht, Änderungen vorgenommen werden, wie z. B. folgende:

$$\frac{TR}{GR} = \frac{25 \cdot 30}{75 \cdot 75} = \frac{30 \cdot 30}{90 \cdot 75} = \frac{25 \cdot 40}{75 \cdot 100} = \frac{30 \cdot 40}{90 \cdot 100} = \frac{35 \cdot 50}{105 \cdot 125}.$$

Es wurden hier entweder das erste oder das zweite oder beide Räderpaare geändert, ohne daß der Bruch, d. h. das Räderverhältnis, in seinem Werte geändert wurde.

Aber auch das treibende Rad des einen Räderpaares kann mit dem getriebenen des anderen geändert werden, z. B.:

$$\frac{TR}{GR} = \frac{25 \cdot 30}{75 \cdot 75} = \frac{35 \cdot 30}{75 \cdot 105} = \frac{25 \cdot 40}{100 \cdot 75}.$$

Ferner können die beiden treibenden oder auch die beiden getriebenen Räder umgewechselt werden, z. B.:

$$\frac{TR}{GR} = \frac{25 \cdot 40}{100 \cdot 75} = \frac{40 \cdot 25}{100 \cdot 75} \text{ oder } = \frac{25 \cdot 40}{75 \cdot 100}.$$

In allen diesen Fällen muß sich, wenn die Zähler und Nenner gekürzt werden, dasselbe Übersetzungsverhältnis ergeben, z. B.:

$$\frac{TR}{GR} = \frac{25 \cdot 40}{75 \cdot 100} = \frac{1 \cdot 2}{3 \cdot 5} = \frac{2}{15}.$$

C. Das Teilen bei mehrfachen Gewinden.

Beim Schneiden mehrfacher Gewinde muß die Arbeitsspindel nach Fertigstellung des ersten Ganges um einen der Anzahl der Gewindegänge entsprechenden Teil gedreht werden, ohne daß der Support durch die Leitspindel fortbewegt wird. Zu diesem Zwecke muß sich das treibende Rad an der Arbeitsspindel bzw. an der Wechselradantriebswelle entsprechend einteilen lassen. Soll z. B. ein zweigängiges Gewinde geschnitten werden, so muß die Arbeitsspindel nach Fertigstellung des ersten Ganges $\frac{1}{2}$ mal gedreht werden. Wenn die Herzhebelübersetzung $1 : 1$ ist oder das treibende Wechselrad unmittelbar auf der Arbeitsspindel sitzt, so wird sich dabei auch dieses Rad genau $\frac{1}{2}$ mal drehen. Das Rad muß daher eine durch 2 teilbare Zähnezahl haben, z. B. 40. Man verfährt beim Teilen in der Weise, daß man zunächst an dem treibenden Rade zwei genau gegenüberliegende

Zähne mit Kreide bezeichnet und dann auf dem getriebenen Rade die dazugehörige Zahnlücke. Dann bringt man die beiden Räder durch Lösen der Schere außer Eingriff. Nun wird die Arbeitspindel durch Ziehen am Riemen $^1/_2$mal herumgedreht, bis der zweite bezeichnete Zahn vor der bezeichneten Zahnlücke steht, und die Räderschere wird wieder festgezogen.

Hat die Maschine dagegen eine Herzhebelübersetzung von 1 : 2, so dreht sich das Wechselrad auf der Antriebswelle bei einer Umdrehung der Arbeitspindel $^1/_2$mal und bei einer halben Umdrehung $^1/_4$mal herum. Es muß also für ein zweigängiges Gewinde eine durch 4 teilbare Zähnezahl haben. Bei einem 40er Rade muß infolgedessen jeder 10. Zahn bezeichnet werden.

Werden die Vorgelegeräder als Übersetzungsräder benutzt (s. Kapitel „Wechselräder für starksteigende Gewinde"), so dreht sich das treibende Wechselrad, wenn z. B. das Übersetzungsverhältnis der Vorgelegeräder 10 : 1 und das des Herzhebels 1 : 2 beträgt, bei einer Umdrehung der Arbeitspindel 5mal, bei einer halben Umdrehung $2^1/_2$mal herum. Um es $2^1/_2$mal versetzen zu können, muß es eine durch 2 teilbare Zähnezahl haben.

Für andere mehrgängige Gewinde ist sinngemäß zu verfahren. Für ein 3faches Gewinde muß das treibende Rad im 1. Falle eine durch 3, im 2. Falle eine durch 6 und im 3. Falle, in dem die Vorgelegeräder benutzt werden, eine durch 3 teilbare Zähnezahl haben.

D. Das Ausheben der Leitspindelmutter.

Während man bei kurzen Gewinden, bei denen die Laufzeit eines einzelnen Schnittes kurz ist, die Maschine zurücklaufen läßt, öffnet man bei langen Gewinden die Schloßmutter und kurbelt den Support zurück.

In den Fällen, in denen die Steigung der Leitspindel das gleiche oder ein Vielfaches der zu schneidenden Steigung beträgt, kann die Schloßmutter in jeder beliebigen Stellung geöffnet und geschlossen werden, z. B. wenn die Leitspindel $^1/_2''$ Steigung hat, bei 2, 4, 6, 8, 10, 12 usw. Gang auf $1''$, oder wenn die Leitspindel 10 mm Steigung hat, bei 10, 5, 2,5, 1,25 mm Steigung. Wird beispielsweise ein Gewinde von 10 Gang aus $1''$ geschnitten und hat die Leitspindel 2 Gang auf $1''$, so entsprechen jedem Gange der Leitspindel genau 5 Gänge des zu schneidenden Gewindes. In diesem Falle kann die Schloßmutter beliebig geöffnet und geschlossen werden, weil bei jeder durch die Leitspindel bestimmten Stellung des Supportes der Schneidstahl genau wieder in eine Gewindelücke kommen muß.

Werden dagegen 9 Gang auf $1''$ geschnitten, so entsprechen einem Gange der Leitspindel $4^1/_2$ Gang des zu schneidenden Gewindes. Da die Gewinde also erst nach 2 bzw. 9 Gängen „aufgehen", darf die Schloßmutter erst bei jedem zweiten Gange der Leitspindel geschlossen werden. Um die Schloßmutter in solchen Fällen richtig schließen zu können, bezeichnet man vor Beginn des Gewindeschneidens, nachdem man die Schloßmutter geschlossen hat, die Anfangsstellung des Supportes auf dem Bett durch einen Kreidestrich, oder indem man auf dem Bett einen Anschlag befestigt, gegen den der Support nach jedem Schnitte zurückgekurbelt werden kann. Ferner bezeichnet man die Stellung der Arbeitspindel durch Zeichen am großen Rade dieser Spindel und an der dazugehörigen Schutzkappe und die Stellung der Leitspindel durch Marken auf der Spindel selbst und dem dazugehörigen Lager. Beim Schneiden muß dann der Support genau auf die Anfangsstellung zurückgekurbelt und die Schloßmutter in dem Augenblick geschlossen werden, in dem sich beide Spindeln, d. h. Arbeit-

spindel und Leitspindel in der durch die Marken gekennzeichneten Stellung be-
finden. Vielfach wendet man auch eine sog. Gewindeuhr an, das ist ein in die
Leitspindel eingreifendes Zahnrad, dessen Zähne entsprechend der Leitspindelsteigung gezeichnet sind. Gegenüber dem vorher geschilderten Verfahren hat
die „Uhr" den Vorteil, daß man den Support nicht in eine bestimmte Stellung

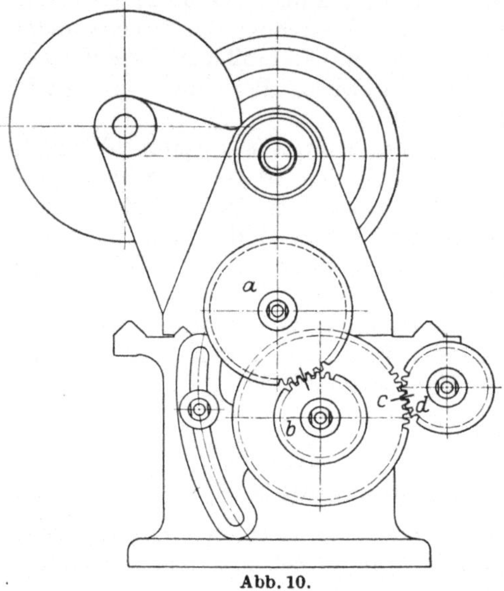

Abb. 10.

zurückzukurbeln braucht und daß ein
Fehler beim Einrücken des Drehbank-
schlosses praktisch ausgeschlossen ist.

Die eben geschilderten Verfahren
sind sehr sicher, wenn die Schloßmutter
immer nach wenigen Umdrehungen der
Leitspindel geschlossen werden kann,
d. h. wenn die Gänge des zu schneidenden Gewindes mit denen der Leitspindel
in kurzen Abständen übereinstimmen,
wie z. B. bei dem Gewinde von 9 Gang
auf 1″ mit Leitspindel von 2 Gang auf
1″, die auf je 1″ Länge übereinstimmen.

Bei Gewinden, bei denen dies nicht
der Fall ist, wie z. B. bei Millimetergewinden, die auf einer Drehbank mit
Zollspindel geschnitten werden sollen,
bezeichnet man ebenfalls die Anfangsstellung des Supportes auf dem Bett
bei geschlossener Mutter und bezeichnet dann die Wechselräder, wie Abb. 10

zeigt. Während bei den vordem beschriebenen Verfahren von geübten Drehern die
Maschine laufen gelassen werden kann, ist in diesem Falle nach jedem Schnitte
auszurücken, der Support in die Anfangsstellung zu bringen, die Wechselradbüchse
mit den beiden Rädern abzuziehen und die Arbeitsspindel sowie die Leitspindel so
einzustellen, daß die Markenstriche wieder übereinstimmen. Arbeitsspindel und
Leitspindel stehen dann wieder in der Anfangsstellung und die Schloßmutter kann
geschlossen werden. Da das Abziehen der Wechselradbüchse mit den beiden
Rädern etwas umständlich ist, wendet man es nur bei längeren Spindeln an;
bei kurzen Gewinden ist es vorteilhafter, die Maschine zurücklaufen zu lassen.

Tabelle 2. Umwandlung einiger Dezimalbrüche in gewöhnliche Brüche.

$0{,}039 = {}^{3}/_{76}$	$0{,}140 = {}^{7}/_{50}$	$0{,}270 = {}^{27}/_{100}$	$0{,}429 = {}^{3}/_{7}$	$0{,}673 = {}^{35}/_{52}$
$0{,}040 = {}^{1}/_{25}$	$0{,}143 = {}^{1}/_{7}$	$0{,}273 = {}^{3}/_{11}$	$0{,}433 = {}^{13}/_{30}$	$0{,}675 = {}^{27}/_{40}$
$0{,}042 = {}^{1}/_{24}$	$0{,}145 = {}^{8}/_{55}$	$0{,}275 = {}^{11}/_{40}$	$0{,}435 = {}^{10}/_{23}$	$0{,}682 = {}^{15}/_{22}$
$0{,}043 = {}^{3}/_{70}$	$0{,}148 = {}^{4}/_{27}$	$0{,}278 = {}^{5}/_{18}$	$0{,}438 = {}^{7}/_{16}$	$0{,}688 = {}^{11}/_{16}$
$0{,}044 = {}^{2}/_{45}$	$0{,}150 = {}^{3}/_{20}$	$0{,}280 = {}^{7}/_{25}$	$0{,}440 = {}^{11}/_{25}$	$0{,}692 = {}^{9}/_{13}$
$0{,}045 = {}^{1}/_{22}$	$0{,}152 = {}^{5}/_{33}$	$0{,}283 = {}^{17}/_{60}$	$0{,}444 = {}^{4}/_{9}$	$0{,}696 = {}^{16}/_{23}$
$0{,}048 = {}^{1}/_{21}$	$0{,}154 = {}^{2}/_{13}$	$0{,}286 = {}^{2}/_{7}$	$0{,}446 = {}^{25}/_{56}$	$0{,}700 = {}^{7}/_{10}$
$0{,}050 = {}^{1}/_{20}$	$0{,}156 = {}^{5}/_{32}$	$0{,}289 = {}^{13}/_{45}$	$0{,}450 = {}^{9}/_{20}$	$0{,}708 = {}^{17}/_{24}$
$0{,}051 = {}^{2}/_{39}$	$0{,}158 = {}^{3}/_{19}$	$0{,}292 = {}^{7}/_{24}$	$0{,}455 = {}^{5}/_{11}$	$0{,}714 = {}^{5}/_{7}$
$0{,}052 = {}^{5}/_{96}$	$0{,}160 = {}^{4}/_{25}$	$0{,}294 = {}^{5}/_{17}$	$0{,}458 = {}^{11}/_{24}$	$0{,}722 = {}^{13}/_{18}$
$0{,}054 = {}^{3}/_{56}$	$0{,}163 = {}^{13}/_{80}$	$0{,}296 = {}^{8}/_{27}$	$0{,}462 = {}^{6}/_{13}$	$0{,}727 = {}^{8}/_{11}$
$0{,}056 = {}^{1}/_{18}$	$0{,}164 = {}^{9}/_{55}$	$0{,}300 = {}^{3}/_{10}$	$0{,}464 = {}^{13}/_{28}$	$0{,}733 = {}^{11}/_{15}$
$0{,}057 = {}^{2}/_{35}$	$0{,}167 = {}^{1}/_{6}$	$0{,}303 = {}^{10}/_{33}$	$0{,}467 = {}^{7}/_{15}$	$0{,}738 = {}^{48}/_{65}$
$0{,}060 = {}^{3}/_{50}$	$0{,}169 = {}^{11}/_{65}$	$0{,}306 = {}^{11}/_{36}$	$0{,}471 = {}^{8}/_{17}$	$0{,}743 = {}^{26}/_{35}$
$0{,}063 = {}^{1}/_{16}$	$0{,}171 = {}^{6}/_{35}$	$0{,}308 = {}^{4}/_{13}$	$0{,}476 = {}^{10}/_{21}$	$0{,}750 = {}^{3}/_{4}$
$0{,}067 = {}^{1}/_{15}$	$0{,}173 = {}^{14}/_{81}$	$0{,}311 = {}^{14}/_{45}$	$0{,}480 = {}^{12}/_{25}$	$0{,}756 = {}^{34}/_{45}$
$0{,}070 = {}^{7}/_{100}$	$0{,}175 = {}^{7}/_{40}$	$0{,}313 = {}^{5}/_{16}$	$0{,}486 = {}^{35}/_{72}$	$0{,}760 = {}^{19}/_{25}$
$0{,}071 = {}^{1}/_{14}$	$0{,}178 = {}^{8}/_{45}$	$0{,}314 = {}^{11}/_{35}$	$0{,}491 = {}^{27}/_{55}$	$0{,}762 = {}^{16}/_{21}$
$0{,}073 = {}^{4}/_{55}$	$0{,}180 = {}^{9}/_{50}$	$0{,}316 = {}^{6}/_{19}$	$0{,}494 = {}^{40}/_{81}$	$0{,}769 = {}^{10}/_{13}$
$0{,}074 = {}^{2}/_{27}$	$0{,}182 = {}^{2}/_{11}$	$0{,}318 = {}^{7}/_{22}$	$0{,}500 = {}^{1}/_{2}$	$0{,}773 = {}^{17}/_{22}$
$0{,}075 = {}^{3}/_{40}$	$0{,}185 = {}^{12}/_{65}$	$0{,}320 = {}^{8}/_{25}$	$0{,}505 = {}^{50}/_{99}$	$0{,}778 = {}^{7}/_{9}$
$0{,}077 = {}^{1}/_{13}$	$0{,}188 = {}^{3}/_{16}$	$0{,}323 = {}^{21}/_{65}$	$0{,}511 = {}^{23}/_{45}$	$0{,}786 = {}^{11}/_{14}$
$0{,}078 = {}^{7}/_{90}$	$0{,}190 = {}^{4}/_{21}$	$0{,}325 = {}^{13}/_{40}$	$0{,}516 = {}^{33}/_{64}$	$0{,}789 = {}^{15}/_{19}$
$0{,}080 = {}^{2}/_{25}$	$0{,}192 = {}^{5}/_{26}$	$0{,}327 = {}^{18}/_{55}$	$0{,}520 = {}^{13}/_{25}$	$0{,}795 = {}^{35}/_{44}$
$0{,}083 = {}^{1}/_{12}$	$0{,}194 = {}^{7}/_{36}$	$0{,}330 = {}^{33}/_{100}$	$0{,}525 = {}^{21}/_{40}$	$0{,}800 = {}^{4}/_{5}$
$0{,}086 = {}^{3}/_{35}$	$0{,}196 = {}^{10}/_{51}$	$0{,}333 = {}^{1}/_{3}$	$0{,}529 = {}^{9}/_{17}$	$0{,}806 = {}^{29}/_{36}$
$0{,}088 = {}^{7}/_{80}$	$0{,}198 = {}^{16}/_{81}$	$0{,}338 = {}^{27}/_{80}$	$0{,}533 = {}^{8}/_{15}$	$0{,}813 = {}^{13}/_{16}$
$0{,}089 = {}^{4}/_{45}$	$0{,}200 = {}^{1}/_{5}$	$0{,}341 = {}^{15}/_{44}$	$0{,}536 = {}^{15}/_{28}$	$0{,}818 = {}^{9}/_{11}$
$0{,}090 = {}^{9}/_{100}$	$0{,}205 = {}^{9}/_{44}$	$0{,}343 = {}^{12}/_{35}$	$0{,}540 = {}^{27}/_{50}$	$0{,}824 = {}^{14}/_{17}$
$0{,}091 = {}^{1}/_{11}$	$0{,}208 = {}^{5}/_{24}$	$0{,}346 = {}^{9}/_{26}$	$0{,}545 = {}^{6}/_{11}$	$0{,}833 = {}^{5}/_{6}$
$0{,}092 = {}^{6}/_{65}$	$0{,}210 = {}^{21}/_{100}$	$0{,}348 = {}^{8}/_{23}$	$0{,}550 = {}^{11}/_{20}$	$0{,}840 = {}^{21}/_{25}$
$0{,}094 = {}^{3}/_{32}$	$0{,}212 = {}^{7}/_{33}$	$0{,}350 = {}^{7}/_{20}$	$0{,}556 = {}^{5}/_{9}$	$0{,}846 = {}^{11}/_{13}$
$0{,}095 = {}^{2}/_{21}$	$0{,}214 = {}^{3}/_{14}$	$0{,}353 = {}^{6}/_{17}$	$0{,}560 = {}^{14}/_{25}$	$0{,}850 = {}^{17}/_{20}$
$0{,}097 = {}^{7}/_{72}$	$0{,}217 = {}^{5}/_{23}$	$0{,}357 = {}^{5}/_{14}$	$0{,}563 = {}^{9}/_{16}$	$0{,}857 = {}^{6}/_{7}$
$0{,}100 = {}^{1}/_{10}$	$0{,}218 = {}^{12}/_{55}$	$0{,}360 = {}^{9}/_{25}$	$0{,}568 = {}^{25}/_{44}$	$0{,}862 = {}^{25}/_{29}$
$0{,}103 = {}^{4}/_{39}$	$0{,}220 = {}^{11}/_{50}$	$0{,}364 = {}^{4}/_{11}$	$0{,}571 = {}^{4}/_{7}$	$0{,}867 = {}^{13}/_{15}$
$0{,}104 = {}^{5}/_{48}$	$0{,}222 = {}^{2}/_{9}$	$0{,}368 = {}^{7}/_{19}$	$0{,}577 = {}^{15}/_{26}$	$0{,}875 = {}^{7}/_{8}$
$0{,}107 = {}^{8}/_{75}$	$0{,}225 = {}^{9}/_{40}$	$0{,}371 = {}^{13}/_{35}$	$0{,}583 = {}^{7}/_{12}$	$0{,}882 = {}^{15}/_{17}$
$0{,}109 = {}^{6}/_{55}$	$0{,}227 = {}^{5}/_{22}$	$0{,}375 = {}^{3}/_{8}$	$0{,}589 = {}^{33}/_{56}$	$0{,}889 = {}^{8}/_{9}$
$0{,}111 = {}^{1}/_{9}$	$0{,}229 = {}^{8}/_{35}$	$0{,}379 = {}^{25}/_{66}$	$0{,}595 = {}^{25}/_{42}$	$0{,}900 = {}^{9}/_{10}$
$0{,}114 = {}^{4}/_{35}$	$0{,}231 = {}^{3}/_{13}$	$0{,}381 = {}^{8}/_{21}$	$0{,}600 = {}^{3}/_{5}$	$0{,}909 = {}^{10}/_{11}$
$0{,}115 = {}^{3}/_{26}$	$0{,}233 = {}^{7}/_{30}$	$0{,}383 = {}^{23}/_{60}$	$0{,}606 = {}^{20}/_{33}$	$0{,}917 = {}^{11}/_{12}$
$0{,}117 = {}^{7}/_{60}$	$0{,}235 = {}^{4}/_{17}$	$0{,}385 = {}^{5}/_{13}$	$0{,}611 = {}^{11}/_{18}$	$0{,}923 = {}^{12}/_{13}$
$0{,}119 = {}^{5}/_{42}$	$0{,}238 = {}^{5}/_{21}$	$0{,}389 = {}^{7}/_{18}$	$0{,}615 = {}^{8}/_{13}$	$0{,}929 = {}^{13}/_{14}$
$0{,}120 = {}^{3}/_{25}$	$0{,}240 = {}^{6}/_{25}$	$0{,}393 = {}^{11}/_{28}$	$0{,}619 = {}^{13}/_{21}$	$0{,}933 = {}^{14}/_{15}$
$0{,}121 = {}^{4}/_{33}$	$0{,}244 = {}^{11}/_{45}$	$0{,}397 = {}^{25}/_{63}$	$0{,}625 = {}^{5}/_{8}$	$0{,}938 = {}^{15}/_{16}$
$0{,}122 = {}^{11}/_{90}$	$0{,}247 = {}^{20}/_{81}$	$0{,}400 = {}^{2}/_{5}$	$0{,}629 = {}^{22}/_{35}$	$0{,}944 = {}^{17}/_{18}$
$0{,}125 = {}^{1}/_{8}$	$0{,}250 = {}^{1}/_{4}$	$0{,}404 = {}^{40}/_{99}$	$0{,}636 = {}^{7}/_{11}$	$0{,}952 = {}^{20}/_{21}$
$0{,}127 = {}^{7}/_{55}$	$0{,}253 = {}^{25}/_{99}$	$0{,}407 = {}^{11}/_{27}$	$0{,}640 = {}^{16}/_{25}$	$0{,}960 = {}^{24}/_{25}$
$0{,}129 = {}^{9}/_{70}$	$0{,}255 = {}^{14}/_{55}$	$0{,}409 = {}^{9}/_{22}$	$0{,}643 = {}^{9}/_{14}$	$0{,}964 = {}^{27}/_{28}$
$0{,}130 = {}^{13}/_{100}$	$0{,}257 = {}^{9}/_{35}$	$0{,}413 = {}^{33}/_{80}$	$0{,}650 = {}^{13}/_{20}$	$0{,}972 = {}^{35}/_{36}$
$0{,}133 = {}^{2}/_{15}$	$0{,}260 = {}^{13}/_{50}$	$0{,}417 = {}^{5}/_{12}$	$0{,}656 = {}^{21}/_{32}$	$0{,}978 = {}^{44}/_{45}$
$0{,}136 = {}^{3}/_{22}$	$0{,}263 = {}^{5}/_{19}$	$0{,}420 = {}^{21}/_{50}$	$0{,}660 = {}^{33}/_{50}$	$0{,}982 = {}^{54}/_{55}$
$0{,}138 = {}^{11}/_{80}$	$0{,}267 = {}^{4}/_{15}$	$0{,}425 = {}^{17}/_{40}$	$0{,}667 = {}^{2}/_{3}$	$0{,}988 = {}^{80}/_{81}$

Tabelle 3. Faktorentafel 1 bis 10000,
enthaltend alle Zahlen, deren größter Faktor nicht größer als 127 ist.

Diejenigen Zahlen sind fettgedruckt, deren größter Faktor nicht größer als 23 ist, das sind solche, bei denen man mit normalen Wechselrädern auskommt.

Für solche Leser, die sich mehr mathematisch mit der Wechselräderberechnung befassen, sei auf die Verwendung des Kettenbruches hingewiesen, die v. SCHMUDE: Wechselräderberechnung mit Hilfe des Kettenbruches, Masch.-Bau Bd. 11 (1932) S. 184, ausführlich dargelegt hat. Dieses Verfahren ist interessant, bietet aber gegenüber dem Rechnen mit Faktorentafeln keinen Vorteil und keinen Zeitgewinn. An anderer Stelle verwendet RIEGEL: Differentialteilen mit Näherungswerten, Masch.-Bau Bd. 11 (1932) S. 278, den Kettenbruch zur Wechselräderberechnung beim Differentialteilen. Hier kann man natürlich ebensogut die Faktorentafeln verwenden.

				100				200	
4	2^2	50	$2\cdot5^2$	0	$2^2\cdot5^2$	50	$2\cdot3\cdot5^2$	0	$2^3\cdot5^2$
6	$2\cdot3$	51	$3\cdot17$	2	$2\cdot3\cdot17$	52	$2^3\cdot19$	1	$3\cdot67$
8	2^3	52	$2^2\cdot13$	4	$2^3\cdot13$	53	$3^2\cdot17$	2	$2\cdot101$
9	3^2	54	$2\cdot3^3$	5	$3\cdot5\cdot7$	54	$2\cdot7\cdot11$	3	$7\cdot29$
10	$2\cdot5$	55	$5\cdot11$	6	$2\cdot53$	55	$5\cdot31$	4	$2^2\cdot3\cdot17$
12	$2^2\cdot3$	56	$2^3\cdot7$	8	$2^2\cdot3^3$	56	$2^2\cdot3\cdot13$	5	$5\cdot41$
14	$2\cdot7$	57	$3\cdot19$	10	$2\cdot5\cdot11$	58	$2\cdot79$	6	$2\cdot103$
15	$3\cdot5$	58	$2\cdot29$	11	$3\cdot37$	59	$3\cdot53$	7	$3^2\cdot23$
16	2^4	60	$2^2\cdot3\cdot5$	12	$2^4\cdot7$	60	$2^5\cdot5$	8	$2^4\cdot13$
18	$2\cdot3^2$	62	$2\cdot31$	14	$2\cdot3\cdot19$	61	$7\cdot23$	9	$11\cdot19$
20	$2^2\cdot5$	63	$3^2\cdot7$	15	$5\cdot23$	62	$2\cdot3^4$	10	$2\cdot3\cdot5\cdot7$
21	$3\cdot7$	64	2^6	16	$2^2\cdot29$	64	$2^2\cdot41$	12	$2^2\cdot53$
22	$2\cdot11$	65	$5\cdot13$	17	$3^2\cdot13$	65	$3\cdot5\cdot11$	13	$3\cdot71$
24	$2^3\cdot3$	66	$2\cdot3\cdot11$	18	$2\cdot59$	66	$2\cdot83$	14	$2\cdot107$
25	5^2	68	$2^2\cdot17$	19	$7\cdot17$	68	$2^3\cdot3\cdot7$	15	$5\cdot43$
26	$2\cdot13$	69	$3\cdot23$	20	$2^3\cdot3\cdot5$	69	13^2	16	$2^3\cdot3^3$
27	3^3	70	$2\cdot5\cdot7$	21	11^2	70	$2\cdot5\cdot17$	17	$7\cdot31$
28	$2^2\cdot7$	72	$2^3\cdot3^2$	22	$2\cdot61$	71	$3^2\cdot19$	18	$2\cdot109$
30	$2\cdot3\cdot5$	74	$2\cdot37$	23	$3\cdot41$	72	$2^2\cdot43$	19	$3\cdot73$
32	2^5	75	$3\cdot5^2$	24	$2^2\cdot31$	74	$2\cdot3\cdot29$	20	$2^2\cdot5\cdot11$
33	$3\cdot11$	76	$2^2\cdot19$	25	5^3	75	$5^2\cdot7$	21	$13\cdot17$
34	$2\cdot17$	77	$7\cdot11$	26	$2\cdot3^2\cdot7$	76	$2^4\cdot11$	22	$2\cdot3\cdot37$
35	$5\cdot7$	78	$2\cdot3\cdot13$	28	2^7	77	$3\cdot59$	24	$2^5\cdot7$
36	$2^2\cdot3^2$	80	$2^4\cdot5$	29	$3\cdot43$	78	$2\cdot89$	25	$3^2\cdot5^2$
38	$2\cdot19$	81	3^4	30	$2\cdot5\cdot13$	80	$2^2\cdot3^2\cdot5$	26	$2\cdot113$
39	$3\cdot13$	82	$2\cdot41$	32	$2^2\cdot3\cdot11$	82	$2\cdot7\cdot13$	28	$2^2\cdot3\cdot19$
40	$2^3\cdot5$	84	$2^2\cdot3\cdot7$	33	$7\cdot19$	83	$3\cdot61$	30	$2\cdot5\cdot\cdot23$
42	$2\cdot3\cdot7$	85	$5\cdot17$	34	$2\cdot67$	84	$2^3\cdot23$	31	$3\cdot7\cdot11$
44	$2^2\cdot11$	86	$2\cdot43$	35	$3^3\cdot5$	85	$5\cdot37$	32	$2^3\cdot29$
45	$3^2\cdot5$	87	$3\cdot29$	36	$2^3\cdot17$	86	$2\cdot3\cdot31$	34	$2\cdot3^2\cdot13$
46	$2\cdot23$	88	$2^3\cdot11$	38	$2\cdot3\cdot23$	87	$11\cdot17$	35	$5\cdot47$
48	$2^4\cdot3$	90	$2\cdot3^2\cdot5$	40	$2^2\cdot5\cdot7$	88	$2^2\cdot47$	36	$2^2\cdot59$
49	7^2	91	$7\cdot13$	41	$3\cdot47$	89	$3^3\cdot7$	37	$3\cdot79$
		92	$2^2\cdot23$	42	$2\cdot71$	90	$2\cdot5\cdot19$	38	$2\cdot7\cdot17$
		93	$3\cdot31$	43	$11\cdot13$	92	$2^6\cdot3$	40	$2^4\cdot3\cdot5$
		94	$2\cdot47$	44	$2^4\cdot3^2$	94	$2\cdot97$	42	$2\cdot11^2$
		95	$5\cdot19$	45	$5\cdot29$	95	$3\cdot5\cdot13$	43	3^5
		96	$2^5\cdot3$	46	$2\cdot73$	96	$2^2\cdot7^2$	44	$2^2\cdot61$
		98	$2\cdot7^2$	47	$3\cdot7^2$	98	$2\cdot3^2\cdot11$	45	$5\cdot7^2$
		99	$3^2\cdot11$	48	$2^2\cdot37$			46	$2\cdot3\cdot41$
								47	$13\cdot19$
								48	$2^3\cdot31$
								49	$3\cdot83$

200		300				400			
50	$2 \cdot 5^3$	0	$2^2 \cdot 3 \cdot 5^2$	50	$2 \cdot 5^2 \cdot 7$	0	$2^4 \cdot 5^2$	50	$2 \cdot 3^2 \cdot 5^2$
52	$2^2 \cdot 3^2 \cdot 7$	1	$7 \cdot 43$	51	$3^3 \cdot 13$	2	$2 \cdot 3 \cdot 67$	51	$11 \cdot 41$
53	$11 \cdot 23$	3	$3 \cdot 101$	52	$2^5 \cdot 11$	3	$13 \cdot 31$	52	$2^2 \cdot 113$
54	$2 \cdot 127$	4	$2^4 \cdot 19$	54	$2 \cdot 3 \cdot 59$	4	$2^2 \cdot 101$	55	$5 \cdot 7 \cdot 13$
55	$3 \cdot 5 \cdot 17$	5	$5 \cdot 61$	55	$5 \cdot 71$	5	$3^4 \cdot 5$	56	$2^3 \cdot 3 \cdot 19$
56	2^8	6	$2 \cdot 3^2 \cdot 17$	56	$2^2 \cdot 89$	6	$2 \cdot 7 \cdot 29$	59	$3^3 \cdot 17$
58	$2 \cdot 3 \cdot 43$	8	$2^2 \cdot 7 \cdot 11$	57	$3 \cdot 7 \cdot 17$	7	$11 \cdot 37$	60	$2^2 \cdot 5 \cdot 23$
59	$7 \cdot 37$	9	$3 \cdot 103$	60	$2^3 \cdot 3^2 \cdot 5$	8	$2^3 \cdot 3 \cdot 17$	62	$2 \cdot 3 \cdot 7 \cdot 11$
60	$2^2 \cdot 5 \cdot 13$	10	$2 \cdot 5 \cdot 31$	61	19^2	10	$2 \cdot 5 \cdot 41$	64	$2^4 \cdot 29$
61	$3^2 \cdot 29$	12	$2^3 \cdot 3 \cdot 13$	63	$3 \cdot 11^2$	12	$2^2 \cdot 103$	65	$3 \cdot 5 \cdot 31$
64	$2^3 \cdot 3 \cdot 11$	15	$3^2 \cdot 5 \cdot 7$	64	$2^2 \cdot 7 \cdot 13$	13	$7 \cdot 59$	68	$2^2 \cdot 3^2 \cdot 13$
65	$5 \cdot 53$	16	$2^2 \cdot 79$	65	$5 \cdot 73$	14	$2 \cdot 3^2 \cdot 23$	69	$7 \cdot 67$
66	$2 \cdot 7 \cdot 19$	18	$2 \cdot 3 \cdot 53$	66	$2 \cdot 3 \cdot 61$	15	$5 \cdot 83$	70	$2 \cdot 5 \cdot 47$
67	$3 \cdot 89$	19	$11 \cdot 29$	68	$2^4 \cdot 23$	16	$2^5 \cdot 13$	72	$2^3 \cdot 59$
68	$2^2 \cdot 67$	20	$2^6 \cdot 5$	69	$3^2 \cdot 41$	18	$2 \cdot 11 \cdot 19$	73	$11 \cdot 43$
70	$2 \cdot 3^3 \cdot 5$	21	$3 \cdot 107$	70	$2 \cdot 5 \cdot 37$	20	$2^2 \cdot 3 \cdot 5 \cdot 7$	74	$2 \cdot 3 \cdot 79$
72	$2^4 \cdot 17$	22	$2 \cdot 7 \cdot 23$	71	$7 \cdot 53$	23	$3^2 \cdot 47$	75	$5^2 \cdot 19$
73	$3 \cdot 7 \cdot 13$	23	$17 \cdot 19$	72	$2^2 \cdot 3 \cdot 31$	24	$2^3 \cdot 53$	76	$2^2 \cdot 7 \cdot 17$
75	$5^2 \cdot 11$	24	$2^2 \cdot 3^4$	74	$2 \cdot 11 \cdot 17$	25	$5^2 \cdot 17$	77	$3^2 \cdot 53$
76	$2^2 \cdot 3 \cdot 23$	25	$5^2 \cdot 13$	75	$3 \cdot 5^3$	26	$2 \cdot 3 \cdot 71$	80	$2^5 \cdot 3 \cdot 5$
79	$3^2 \cdot 31$	27	$3 \cdot 109$	76	$2^3 \cdot 47$	27	$7 \cdot 61$	81	$13 \cdot 37$
80	$2^3 \cdot 5 \cdot 7$	28	$2^3 \cdot 41$	77	$13 \cdot 29$	28	$2^2 \cdot 107$	83	$3 \cdot 7 \cdot 23$
82	$2 \cdot 3 \cdot 47$	29	$7 \cdot 47$	78	$2 \cdot 3^3 \cdot 7$	29	$3 \cdot 11 \cdot 13$	84	$2^2 \cdot 11^2$
84	$2^2 \cdot 71$	30	$2 \cdot 3 \cdot 5 \cdot 11$	80	$2^2 \cdot 5 \cdot 19$	30	$2 \cdot 5 \cdot 43$	85	$5 \cdot 97$
85	$3 \cdot 5 \cdot 19$	32	$2^2 \cdot 83$	81	$3 \cdot 127$	32	$2^4 \cdot 3^3$	86	$2 \cdot 3^5$
86	$2 \cdot 11 \cdot 13$	33	$3^2 \cdot 37$	84	$2^7 \cdot 3$	34	$2 \cdot 7 \cdot 31$	88	$2^3 \cdot 61$
87	$7 \cdot 41$	35	$5 \cdot 67$	85	$5 \cdot 7 \cdot 11$	35	$3 \cdot 5 \cdot 29$	90	$2 \cdot 5 \cdot 7^2$
88	$2^5 \cdot 3^2$	36	$2^4 \cdot 3 \cdot 7$	87	$3^2 \cdot 43$	36	$2^2 \cdot 109$	92	$2^2 \cdot 3 \cdot 41$
89	17^2	38	$2 \cdot 13^2$	88	$2^2 \cdot 97$	37	$19 \cdot 23$	93	$17 \cdot 29$
90	$2 \cdot 5 \cdot 29$	39	$3 \cdot 113$	90	$2 \cdot 3 \cdot 5 \cdot 13$	38	$2 \cdot 3 \cdot 73$	94	$2 \cdot 13 \cdot 19$
91	$3 \cdot 97$	40	$2^2 \cdot 5 \cdot 17$	91	$17 \cdot 23$	40	$2^3 \cdot 5 \cdot 11$	95	$3^2 \cdot 5 \cdot 11$
92	$2^2 \cdot 73$	41	$11 \cdot 31$	92	$2^3 \cdot 7^2$	41	$3^2 \cdot 7^2$	96	$2^4 \cdot 31$
94	$2 \cdot 3 \cdot 7^2$	42	$2 \cdot 3^2 \cdot 19$	95	$5 \cdot 79$	42	$2 \cdot 13 \cdot 17$	97	$7 \cdot 71$
95	$5 \cdot 59$	43	7^3	96	$2^2 \cdot 3^2 \cdot 11$	44	$2^2 \cdot 3 \cdot 37$	98	$2 \cdot 3 \cdot 83$
96	$2^3 \cdot 37$	44	$2^3 \cdot 43$	99	$3 \cdot 7 \cdot 19$	45	$5 \cdot 89$		
97	$3^3 \cdot 11$	45	$3 \cdot 5 \cdot 23$			48	$2^6 \cdot 7$		
99	$13 \cdot 23$	48	$2^2 \cdot 3 \cdot 29$						

500		600		700		800		900	
0	$2^2 \cdot 5^3$	0	$2^3 \cdot 3 \cdot 5^2$	0	$2^2 \cdot 5^2 \cdot 7$	0	$2^5 \cdot 5^2$	0	$2^2 \cdot 3^2 \cdot 5^2$
4	$2^3 \cdot 3^2 \cdot 7$	2	$2 \cdot 7 \cdot 43$	2	$2 \cdot 3^3 \cdot 13$	1	$3^2 \cdot 89$	1	$17 \cdot 53$
5	$5 \cdot 101$	3	$3^2 \cdot 67$	3	$19 \cdot 37$	3	$11 \cdot 73$	2	$2 \cdot 11 \cdot 41$
6	$2 \cdot 11 \cdot 23$	5	$5 \cdot 11^2$	4	$2^6 \cdot 11$	4	$2^2 \cdot 3 \cdot 67$	3	$3 \cdot 7 \cdot 43$
7	$3 \cdot 13^2$	6	$2 \cdot 3 \cdot 101$	5	$3 \cdot 5 \cdot 47$	5	$5 \cdot 7 \cdot 23$	4	$2^3 \cdot 113$
8	$2^2 \cdot 127$	8	$2^5 \cdot 19$	7	$7 \cdot 101$	6	$2 \cdot 13 \cdot 31$	9	$3^2 \cdot 101$
10	$2 \cdot 3 \cdot 5 \cdot 17$	9	$3 \cdot 7 \cdot 29$	8	$2^2 \cdot 3 \cdot 59$	8	$2^3 \cdot 101$	10	$2 \cdot 5 \cdot 7 \cdot 13$
11	$7 \cdot 73$	10	$2 \cdot 5 \cdot 61$	10	$2 \cdot 5 \cdot 71$	10	$2 \cdot 3^4 \cdot 5$	12	$2^4 \cdot 3 \cdot 19$
12	2^9	11	$13 \cdot 47$	11	$3^2 \cdot 79$	12	$2^2 \cdot 7 \cdot 29$	13	$11 \cdot 83$
13	$3^3 \cdot 19$	12	$2^2 \cdot 3^2 \cdot 17$	12	$2^3 \cdot 89$	14	$2 \cdot 11 \cdot 37$	15	$3 \cdot 5 \cdot 61$
15	$5 \cdot 103$	15	$3 \cdot 5 \cdot 41$	13	$23 \cdot 31$	16	$2^4 \cdot 3 \cdot 17$	18	$2 \cdot 3^3 \cdot 17$
16	$2^2 \cdot 3 \cdot 43$	16	$2^3 \cdot 7 \cdot 11$	14	$2 \cdot 3 \cdot 7 \cdot 17$	17	$19 \cdot 43$	20	$2^3 \cdot 5 \cdot 23$
17	$11 \cdot 47$	18	$2 \cdot 3 \cdot 103$	15	$5 \cdot 11 \cdot 13$	19	$3^2 \cdot 7 \cdot 13$	23	$13 \cdot 71$
18	$2 \cdot 7 \cdot 37$	20	$2^2 \cdot 5 \cdot 31$	20	$2^4 \cdot 3^2 \cdot 5$	20	$2^2 \cdot 5 \cdot 41$	24	$2^2 \cdot 3 \cdot 7 \cdot 11$
20	$2^3 \cdot 5 \cdot 13$	21	$3^3 \cdot 23$	21	$7 \cdot 103$	24	$2^3 \cdot 103$	25	$5^2 \cdot 37$
22	$2 \cdot 3^2 \cdot 29$	23	$7 \cdot 89$	22	$2 \cdot 19^2$	25	$3 \cdot 5^2 \cdot 11$	27	$3^2 \cdot 103$
25	$3 \cdot 5^2 \cdot 7$	24	$2^4 \cdot 3 \cdot 13$	25	$5^2 \cdot 29$	26	$2 \cdot 7 \cdot 59$	28	$2^5 \cdot 29$
27	$17 \cdot 31$	25	5^4	26	$2 \cdot 3 \cdot 11^2$	28	$2^2 \cdot 3^2 \cdot 23$	30	$2 \cdot 3 \cdot 5 \cdot 31$
28	$2^4 \cdot 3 \cdot 11$	27	$3 \cdot 11 \cdot 19$	28	$2^3 \cdot 7 \cdot 13$	30	$2 \cdot 5 \cdot 83$	31	$7^2 \cdot 19$
29	23^2	29	$17 \cdot 37$	29	3^6	32	$2^6 \cdot 13$	35	$5 \cdot 11 \cdot 17$
30	$2 \cdot 5 \cdot 53$	30	$2 \cdot 3^2 \cdot 5 \cdot 7$	30	$2 \cdot 5 \cdot 73$	33	$7^2 \cdot 17$	36	$2^3 \cdot 3^2 \cdot 13$
31	$3^2 \cdot 59$	32	$2^3 \cdot 79$	31	$17 \cdot 43$	36	$2^2 \cdot 11 \cdot 19$	38	$2 \cdot 7 \cdot 67$
32	$2^2 \cdot 7 \cdot 19$	35	$5 \cdot 127$	32	$2^2 \cdot 3 \cdot 61$	37	$3^3 \cdot 31$	40	$2^2 \cdot 5 \cdot 47$
33	$13 \cdot 41$	36	$2^2 \cdot 3 \cdot 53$	35	$3 \cdot 5 \cdot 7^2$	40	$2^3 \cdot 3 \cdot 5 \cdot 7$	43	$23 \cdot 41$
34	$2 \cdot 3 \cdot 89$	37	$7^2 \cdot 13$	36	$2^5 \cdot 23$	41	29^2	44	$2^4 \cdot 59$
35	$5 \cdot 107$	38	$2 \cdot 11 \cdot 29$	37	$11 \cdot 67$	45	$5 \cdot 13^2$	45	$3^3 \cdot 5 \cdot 7$
36	$2^3 \cdot 67$	39	$3^2 \cdot 71$	38	$2 \cdot 3^2 \cdot 41$	46	$2 \cdot 3^2 \cdot 47$	46	$2 \cdot 11 \cdot 43$
39	$7^2 \cdot 11$	40	$2^7 \cdot 5$	40	$2^2 \cdot 5 \cdot 37$	47	$7 \cdot 11^2$	48	$2^2 \cdot 3 \cdot 79$
40	$2^2 \cdot 3^3 \cdot 5$	42	$2 \cdot 3 \cdot 107$	41	$3 \cdot 13 \cdot 19$	48	$2^4 \cdot 53$	49	$13 \cdot 73$
44	$2^5 \cdot 17$	44	$2^2 \cdot 7 \cdot 23$	42	$2 \cdot 7 \cdot 53$	50	$2 \cdot 5^2 \cdot 17$	50	$2 \cdot 5^2 \cdot 19$
45	$5 \cdot 109$	45	$3 \cdot 5 \cdot 43$	44	$2^3 \cdot 3 \cdot 31$	51	$23 \cdot 37$	52	$2^3 \cdot 7 \cdot 17$
46	$2 \cdot 3 \cdot 7 \cdot 13$	46	$2 \cdot 17 \cdot 19$	47	$3^2 \cdot 83$	52	$2^2 \cdot 3 \cdot 71$	54	$2 \cdot 3^2 \cdot 53$
49	$3^2 \cdot 61$	48	$2^3 \cdot 3^4$	48	$2^2 \cdot 11 \cdot 17$	54	$2 \cdot 7 \cdot 61$	57	$3 \cdot 11 \cdot 29$
50	$2 \cdot 5^2 \cdot 11$	49	$11 \cdot 59$	49	$7 \cdot 107$	55	$3^2 \cdot 5 \cdot 19$	60	$2^6 \cdot 3 \cdot 5$
51	$19 \cdot 29$	50	$2 \cdot 5^2 \cdot 13$	50	$2 \cdot 3 \cdot 5^3$	56	$2^3 \cdot 107$	61	31^2
52	$2^3 \cdot 3 \cdot 23$	51	$3 \cdot 7 \cdot 31$	52	$2^4 \cdot 47$	58	$2 \cdot 3 \cdot 11 \cdot 13$	62	$2 \cdot 13 \cdot 37$
53	$7 \cdot 79$	54	$2 \cdot 3 \cdot 109$	54	$2 \cdot 13 \cdot 29$	60	$2^2 \cdot 5 \cdot 43$	63	$3^2 \cdot 107$
55	$3 \cdot 5 \cdot 37$	56	$2^4 \cdot 41$	56	$2^2 \cdot 3^3 \cdot 7$	61	$3 \cdot 7 \cdot 41$	66	$2 \cdot 3 \cdot 7 \cdot 23$
58	$2 \cdot 3^2 \cdot 31$	57	$3^2 \cdot 73$	59	$3 \cdot 11 \cdot 23$	64	$2^5 \cdot 3^3$	68	$2^3 \cdot 11^2$
59	$13 \cdot 43$	58	$2 \cdot 7 \cdot 47$	60	$2^3 \cdot 5 \cdot 19$	67	$3 \cdot 17^2$	69	$3 \cdot 17 \cdot 19$
60	$2^4 \cdot 5 \cdot 7$	60	$2^2 \cdot 3 \cdot 5 \cdot 11$	62	$2 \cdot 3 \cdot 127$	68	$2^2 \cdot 7 \cdot 31$	70	$2 \cdot 5 \cdot 97$
61	$3 \cdot 11 \cdot 17$	63	$3 \cdot 13 \cdot 17$	63	$7 \cdot 109$	69	$11 \cdot 79$	72	$2^2 \cdot 3^5$
64	$2^2 \cdot 3 \cdot 47$	64	$2^3 \cdot 83$	65	$3^2 \cdot 5 \cdot 17$	70	$2 \cdot 3 \cdot 5 \cdot 29$	75	$3 \cdot 5^2 \cdot 13$
65	$5 \cdot 113$	65	$5 \cdot 7 \cdot 19$	67	$13 \cdot 59$	71	$13 \cdot 67$	76	$2^4 \cdot 61$
67	$3^4 \cdot 7$	66	$2 \cdot 3^2 \cdot 37$	68	$2^8 \cdot 3$	72	$2^3 \cdot 109$	79	$11 \cdot 89$
68	$2^3 \cdot 71$	67	$23 \cdot 29$	70	$2 \cdot 5 \cdot 7 \cdot 11$	73	$3^2 \cdot 97$	80	$2^2 \cdot 5 \cdot 7^2$
70	$2 \cdot 3 \cdot 5 \cdot 19$	70	$2 \cdot 5 \cdot 67$	74	$2 \cdot 3^2 \cdot 43$	74	$2 \cdot 19 \cdot 23$	81	$3^2 \cdot 109$
72	$2^2 \cdot 11 \cdot 13$	71	$11 \cdot 61$	75	$5^2 \cdot 31$	75	$5^3 \cdot 7$	84	$2^3 \cdot 3 \cdot 41$
74	$2 \cdot 7 \cdot 41$	72	$2^5 \cdot 3 \cdot 7$	76	$2^3 \cdot 97$	76	$2^2 \cdot 3 \cdot 73$	86	$2 \cdot 17 \cdot 29$
75	$5^2 \cdot 23$	75	$3^3 \cdot 5^2$	77	$3 \cdot 7 \cdot 37$	80	$2^4 \cdot 5 \cdot 11$	87	$3 \cdot 7 \cdot 47$
76	$2^6 \cdot 3^2$	76	$2^2 \cdot 13^2$	79	$19 \cdot 41$	82	$2 \cdot 3^2 \cdot 7^2$	88	$2^2 \cdot 13 \cdot 19$
78	$2 \cdot 17^2$	78	$2 \cdot 3 \cdot 113$	80	$2^2 \cdot 3 \cdot 5 \cdot 13$	84	$2^2 \cdot 13 \cdot 17$	89	$23 \cdot 43$
80	$2^2 \cdot 5 \cdot 29$	79	$7 \cdot 97$	81	$11 \cdot 71$	85	$3 \cdot 5 \cdot 59$	90	$2 \cdot 3^2 \cdot 5 \cdot 11$
81	$7 \cdot 83$	80	$2^3 \cdot 5 \cdot 17$	82	$2 \cdot 17 \cdot 23$	88	$2^3 \cdot 3 \cdot 37$	92	$2^5 \cdot 31$
82	$2 \cdot 3 \cdot 97$	82	$2 \cdot 11 \cdot 31$	83	$3^3 \cdot 29$	89	$7 \cdot 127$	94	$2 \cdot 7 \cdot 71$
83	$11 \cdot 53$	84	$2^2 \cdot 3^2 \cdot 19$	84	$2^4 \cdot 7^2$	90	$2 \cdot 5 \cdot 89$	96	$2^2 \cdot 3 \cdot 83$
84	$2^3 \cdot 73$	86	$2 \cdot 7^3$	90	$2 \cdot 5 \cdot 79$	91	$3^4 \cdot 11$	99	$3^3 \cdot 37$
85	$3^2 \cdot 5 \cdot 13$	88	$2^4 \cdot 43$	91	$7 \cdot 113$	93	$19 \cdot 47$		
88	$2^2 \cdot 3 \cdot 7^2$	89	$13 \cdot 53$	92	$2^3 \cdot 3^2 \cdot 11$	96	$2^7 \cdot 7$		
89	$19 \cdot 31$	90	$2 \cdot 3 \cdot 5 \cdot 23$	93	$13 \cdot 61$	97	$3 \cdot 13 \cdot 23$		
90	$2 \cdot 5 \cdot 59$	93	$3^2 \cdot 7 \cdot 11$	95	$3 \cdot 5 \cdot 53$	99	$29 \cdot 31$		
92	$2^4 \cdot 37$	96	$2^3 \cdot 3 \cdot 29$	98	$2 \cdot 3 \cdot 7 \cdot 19$				
94	$2 \cdot 3^3 \cdot 11$	97	$17 \cdot 41$	99	$17 \cdot 47$				
95	$5 \cdot 7 \cdot 17$								
98	$2 \cdot 13 \cdot 23$								

1000		1100		1200		1300		1400	
0	$2^3 \cdot 5^3$	0	$2^2 \cdot 5^2 \cdot 11$	0	$2^4 \cdot 3 \cdot 5^2$	0	$2^2 \cdot 5^2 \cdot 13$	0	$2^3 \cdot 5^2 \cdot 7$
1	$7 \cdot 11 \cdot 13$	2	$2 \cdot 19 \cdot 29$	4	$2^2 \cdot 7 \cdot 43$	2	$2 \cdot 3 \cdot 7 \cdot 31$	3	$23 \cdot 61$
3	$17 \cdot 59$	4	$2^4 \cdot 3 \cdot 23$	6	$2 \cdot 3^2 \cdot 67$	5	$3^2 \cdot 5 \cdot 29$	4	$2^2 \cdot 3^3 \cdot 13$
5	$3 \cdot 5 \cdot 67$	5	$5 \cdot 13 \cdot 17$	7	$17 \cdot 71$	8	$2^2 \cdot 3 \cdot 109$	6	$2 \cdot 19 \cdot 37$
7	$19 \cdot 53$	6	$2 \cdot 7 \cdot 79$	9	$3 \cdot 13 \cdot 31$	9	$7 \cdot 11 \cdot 17$	7	$3 \cdot 7 \cdot 67$
8	$2^4 \cdot 3^2 \cdot 7$	7	$3^3 \cdot 41$	10	$2 \cdot 5 \cdot 11^2$	11	$3 \cdot 19 \cdot 23$	8	$2^7 \cdot 11$
10	$2 \cdot 5 \cdot 101$	10	$2 \cdot 3 \cdot 5 \cdot 37$	12	$2^2 \cdot 3 \cdot 101$	12	$2^5 \cdot 41$	10	$2 \cdot 3 \cdot 5 \cdot 47$
12	$2^2 \cdot 11 \cdot 23$	11	$11 \cdot 101$	15	$3^5 \cdot 5$	13	$13 \cdot 101$	11	$17 \cdot 83$
14	$2 \cdot 3 \cdot 13^2$	13	$3 \cdot 7 \cdot 53$	16	$2^6 \cdot 19$	14	$2 \cdot 3^2 \cdot 73$	14	$2 \cdot 7 \cdot 101$
15	$5 \cdot 7 \cdot 29$	16	$2^2 \cdot 3^2 \cdot 31$	18	$2 \cdot 3 \cdot 7 \cdot 29$	16	$2^2 \cdot 7 \cdot 47$	16	$2^3 \cdot 3 \cdot 59$
16	$2^3 \cdot 127$	18	$2 \cdot 13 \cdot 43$	19	$23 \cdot 53$	20	$2^3 \cdot 3 \cdot 5 \cdot 11$	17	$13 \cdot 109$
17	$3^2 \cdot 113$	20	$2^5 \cdot 5 \cdot 7$	20	$2^2 \cdot 5 \cdot 61$	23	$3^3 \cdot 7^2$	19	$3 \cdot 11 \cdot 43$
20	$2^2 \cdot 3 \cdot 5 \cdot 17$	21	$19 \cdot 59$	21	$3 \cdot 11 \cdot 37$	25	$5^2 \cdot 53$	20	$2^2 \cdot 5 \cdot 71$
22	$2 \cdot 7 \cdot 73$	22	$2 \cdot 3 \cdot 11 \cdot 17$	22	$2 \cdot 13 \cdot 47$	26	$2 \cdot 3 \cdot 13 \cdot 17$	21	$7^2 \cdot 29$
23	$3 \cdot 11 \cdot 31$	25	$3^2 \cdot 5^3$	24	$2^3 \cdot 3^2 \cdot 17$	28	$2^4 \cdot 83$	22	$2 \cdot 3^2 \cdot 79$
24	2^{10}	27	$7^2 \cdot 23$	25	$5^2 \cdot 7^2$	30	$2 \cdot 5 \cdot 7 \cdot 19$	24	$2^4 \cdot 89$
25	$5^2 \cdot 41$	28	$2^3 \cdot 3 \cdot 47$	30	$2 \cdot 3 \cdot 5 \cdot 41$	31	11^3	25	$3 \cdot 5^2 \cdot 19$
26	$2 \cdot 3^3 \cdot 19$	30	$2 \cdot 5 \cdot 113$	32	$2^4 \cdot 7 \cdot 11$	32	$2^2 \cdot 3^2 \cdot 37$	26	$2 \cdot 23 \cdot 31$
27	$13 \cdot 79$	31	$3 \cdot 13 \cdot 29$	35	$5 \cdot 13 \cdot 19$	33	$31 \cdot 43$	28	$2^2 \cdot 3 \cdot 7 \cdot 17$
29	$3 \cdot 7^3$	33	$11 \cdot 103$	36	$2^2 \cdot 3 \cdot 103$	34	$2 \cdot 23 \cdot 29$	30	$2 \cdot 5 \cdot 11 \cdot 13$
30	$2 \cdot 5 \cdot 103$	34	$2 \cdot 3^4 \cdot 7$	39	$3 \cdot 7 \cdot 59$	35	$3 \cdot 5 \cdot 89$	31	$3^3 \cdot 53$
32	$2^3 \cdot 3 \cdot 43$	36	$2^4 \cdot 71$	40	$2^3 \cdot 5 \cdot 31$	39	$13 \cdot 103$	35	$5 \cdot 7 \cdot 41$
34	$2 \cdot 11 \cdot 47$	39	$17 \cdot 67$	41	$17 \cdot 73$	40	$2^2 \cdot 5 \cdot 67$	40	$2^5 \cdot 3^2 \cdot 5$
35	$3^2 \cdot 5 \cdot 23$	40	$2^2 \cdot 3 \cdot 5 \cdot 19$	42	$2 \cdot 3^3 \cdot 23$	42	$2 \cdot 11 \cdot 61$	42	$2 \cdot 7 \cdot 103$
36	$2^2 \cdot 7 \cdot 37$	43	$3^2 \cdot 127$	43	$11 \cdot 113$	43	$17 \cdot 79$	43	$3 \cdot 13 \cdot 37$
37	$17 \cdot 61$	44	$2^3 \cdot 11 \cdot 13$	45	$3 \cdot 5 \cdot 83$	44	$2^6 \cdot 3 \cdot 7$	44	$2^2 \cdot 19^2$
40	$2^4 \cdot 5 \cdot 13$	47	$31 \cdot 37$	46	$2 \cdot 7 \cdot 89$	49	$19 \cdot 71$	45	$5 \cdot 17^2$
44	$2^2 \cdot 3^2 \cdot 29$	48	$2^2 \cdot 7 \cdot 41$	47	$29 \cdot 43$	50	$2 \cdot 3^3 \cdot 5^2$	49	$3^2 \cdot 7 \cdot 23$
45	$5 \cdot 11 \cdot 19$	50	$2 \cdot 5^2 \cdot 23$	48	$2^5 \cdot 3 \cdot 13$	52	$2^3 \cdot 13^2$	50	$2 \cdot 5^2 \cdot 29$
50	$2 \cdot 3 \cdot 5^2 \cdot 7$	52	$2^7 \cdot 3^2$	50	$2 \cdot 5^4$	53	$3 \cdot 11 \cdot 41$	52	$2^2 \cdot 3 \cdot 11^2$
53	$3^4 \cdot 13$	55	$3 \cdot 5 \cdot 7 \cdot 11$	54	$2 \cdot 3 \cdot 11 \cdot 19$	56	$2^2 \cdot 3 \cdot 113$	55	$3 \cdot 5 \cdot 97$
54	$2 \cdot 17 \cdot 31$	56	$2^2 \cdot 17^2$	58	$2 \cdot 17 \cdot 37$	57	$23 \cdot 59$	56	$2^4 \cdot 7 \cdot 13$
56	$2^5 \cdot 3 \cdot 11$	57	$13 \cdot 89$	60	$2^2 \cdot 3^2 \cdot 5 \cdot 7$	58	$2 \cdot 7 \cdot 97$	57	$31 \cdot 47$
58	$2 \cdot 23^2$	59	$19 \cdot 61$	61	$13 \cdot 97$	60	$2^4 \cdot 5 \cdot 17$	58	$2 \cdot 3^6$
60	$2^2 \cdot 5 \cdot 53$	60	$2^3 \cdot 5 \cdot 29$	64	$2^4 \cdot 79$	63	$29 \cdot 47$	60	$2^2 \cdot 5 \cdot 73$
62	$2 \cdot 3^2 \cdot 59$	61	$3^3 \cdot 43$	65	$5 \cdot 11 \cdot 23$	64	$2^2 \cdot 11 \cdot 31$	62	$2 \cdot 17 \cdot 43$
64	$2^3 \cdot 7 \cdot 19$	62	$2 \cdot 7 \cdot 83$	69	$3^3 \cdot 47$	65	$3 \cdot 5 \cdot 7 \cdot 13$	63	$7 \cdot 11 \cdot 19$
65	$3 \cdot 5 \cdot 71$	64	$2^2 \cdot 3 \cdot 97$	70	$2 \cdot 5 \cdot 127$	68	$2^3 \cdot 3^2 \cdot 19$	64	$2^3 \cdot 3 \cdot 61$
66	$2 \cdot 13 \cdot 41$	66	$2 \cdot 11 \cdot 53$	71	$31 \cdot 41$	69	37^2	69	$13 \cdot 113$
67	$11 \cdot 97$	68	$2^4 \cdot 73$	72	$2^3 \cdot 3 \cdot 53$	72	$2^2 \cdot 7^3$	70	$2 \cdot 3 \cdot 5 \cdot 7^2$
68	$2^2 \cdot 3 \cdot 89$	70	$2 \cdot 3^2 \cdot 5 \cdot 13$	73	$19 \cdot 67$	75	$5^3 \cdot 11$	72	$2^6 \cdot 23$
70	$2 \cdot 5 \cdot 107$	73	$3 \cdot 17 \cdot 23$	74	$2 \cdot 7^2 \cdot 13$	76	$2^5 \cdot 43$	74	$2 \cdot 11 \cdot 67$
71	$3^2 \cdot 7 \cdot 17$	75	$5^2 \cdot 47$	75	$3 \cdot 5^2 \cdot 17$	77	$3^4 \cdot 17$	75	$5^2 \cdot 59$
72	$2^4 \cdot 67$	76	$2^3 \cdot 3 \cdot 7^2$	76	$2^2 \cdot 11 \cdot 29$	78	$2 \cdot 13 \cdot 53$	76	$2^2 \cdot 3^2 \cdot 41$
73	$29 \cdot 37$	77	$11 \cdot 107$	78	$2 \cdot 3^2 \cdot 71$	80	$2^2 \cdot 3 \cdot 5 \cdot 23$	79	$3 \cdot 17 \cdot 29$
75	$5^2 \cdot 43$	78	$2 \cdot 19 \cdot 31$	80	$2^8 \cdot 5$	86	$2 \cdot 3^2 \cdot 7 \cdot 11$	80	$2^3 \cdot 5 \cdot 37$
78	$2 \cdot 7^2 \cdot 11$	80	$2^2 \cdot 5 \cdot 59$	81	$3 \cdot 7 \cdot 61$	87	$19 \cdot 73$	82	$2 \cdot 3 \cdot 13 \cdot 19$
79	$13 \cdot 83$	83	$7 \cdot 13^2$	84	$2^2 \cdot 3 \cdot 107$	91	$13 \cdot 107$	84	$2^2 \cdot 7 \cdot 53$
80	$2^3 \cdot 3^3 \cdot 5$	84	$2^5 \cdot 37$	87	$3^2 \cdot 11 \cdot 13$	92	$2^4 \cdot 3 \cdot 29$	85	$3^3 \cdot 5 \cdot 11$
81	$23 \cdot 47$	85	$3 \cdot 5 \cdot 79$	88	$2^3 \cdot 7 \cdot 23$	94	$2 \cdot 17 \cdot 41$	88	$2^4 \cdot 3 \cdot 31$
83	$3 \cdot 19^2$	88	$2^2 \cdot 3^3 \cdot 11$	90	$2 \cdot 3 \cdot 5 \cdot 43$	95	$3^2 \cdot 5 \cdot 31$	91	$3 \cdot 7 \cdot 71$
85	$5 \cdot 7 \cdot 31$	89	$29 \cdot 41$	92	$2^2 \cdot 17 \cdot 19$	97	$11 \cdot 127$	94	$2 \cdot 3^2 \cdot 83$
88	$2^6 \cdot 17$	90	$2 \cdot 5 \cdot 7 \cdot 17$	95	$5 \cdot 7 \cdot 37$			95	$5 \cdot 13 \cdot 23$
89	$3^2 \cdot 11^2$	96	$2^2 \cdot 13 \cdot 23$	96	$2^4 \cdot 3^4$			96	$2^3 \cdot 11 \cdot 17$
90	$2 \cdot 5 \cdot 109$	97	$3^2 \cdot 7 \cdot 19$	98	$2 \cdot 11 \cdot 59$			98	$2 \cdot 7 \cdot 107$
92	$2^2 \cdot 3 \cdot 7 \cdot 13$	99	$11 \cdot 109$						
95	$3 \cdot 5 \cdot 73$								
98	$2 \cdot 3^2 \cdot 61$								

1500		1600		1700		1800		1900	
0	$2^2\cdot3\cdot5^3$	0	$2^6\cdot5^2$	0	$2^2\cdot5^2\cdot17$	0	$2^3\cdot3^2\cdot5^2$	0	$2^2\cdot5^2\cdot19$
1	$19\cdot79$	2	$2\cdot3^2\cdot89$	1	$3^5\cdot7$	2	$2\cdot17\cdot53$	4	$2^4\cdot7\cdot17$
4	$2^5\cdot47$	5	$3\cdot5\cdot107$	2	$2\cdot23\cdot37$	4	$2^2\cdot11\cdot41$	5	$3\cdot5\cdot127$
5	$5\cdot7\cdot43$	6	$2\cdot11\cdot73$	4	$2^3\cdot3\cdot71$	5	$5\cdot19^2$	8	$2^2\cdot3^2\cdot53$
8	$2^2\cdot13\cdot29$	8	$2^3\cdot3\cdot67$	5	$5\cdot11\cdot31$	6	$2\cdot3\cdot7\cdot43$	9	$23\cdot83$
12	$2^3\cdot3^3\cdot7$	10	$2\cdot5\cdot7\cdot23$	8	$2^2\cdot7\cdot61$	8	$2^4\cdot113$	11	$3\cdot7^2\cdot13$
13	$17\cdot89$	12	$2^2\cdot13\cdot31$	10	$2\cdot3^2\cdot5\cdot19$	9	$3^3\cdot67$	14	$2\cdot3\cdot11\cdot29$
15	$3\cdot5\cdot101$	15	$5\cdot17\cdot19$	11	$29\cdot59$	13	$7^2\cdot37$	17	$3^3\cdot71$
17	$37\cdot41$	16	$2^4\cdot101$	12	$2^4\cdot107$	15	$3\cdot5\cdot11^2$	19	$19\cdot101$
18	$2\cdot3\cdot11\cdot23$	17	$3\cdot7^2\cdot11$	15	$5\cdot7^3$	17	$23\cdot79$	20	$2^7\cdot3\cdot5$
19	$7^2\cdot31$	20	$2^2\cdot3^4\cdot5$	16	$2^2\cdot3\cdot11\cdot13$	18	$2\cdot3^2\cdot101$	21	$17\cdot113$
20	$2^4\cdot5\cdot19$	24	$2^3\cdot7\cdot29$	17	$17\cdot101$	19	$17\cdot107$	22	$2\cdot31^2$
21	$3^2\cdot13^2$	25	$5^3\cdot13$	20	$2^3\cdot5\cdot43$	20	$2^2\cdot5\cdot7\cdot13$	24	$2^2\cdot13\cdot37$
24	$2^2\cdot3\cdot127$	28	$2^2\cdot11\cdot37$	22	$2\cdot3\cdot7\cdot41$	24	$2^5\cdot3\cdot19$	25	$5^2\cdot7\cdot11$
25	$5^2\cdot61$	32	$2^5\cdot3\cdot17$	25	$3\cdot5^2\cdot23$	25	$5^2\cdot73$	26	$2\cdot3^2\cdot107$
26	$2\cdot7\cdot109$	33	$23\cdot71$	28	$2^6\cdot3^3$	26	$2\cdot11\cdot83$	27	$41\cdot47$
30	$2\cdot3^2\cdot5\cdot17$	34	$2\cdot19\cdot43$	29	$7\cdot13\cdot19$	27	$3^2\cdot7\cdot29$	32	$2^2\cdot3\cdot7\cdot23$
33	$3\cdot7\cdot73$	35	$3\cdot5\cdot109$	34	$2\cdot3\cdot17^2$	29	$31\cdot59$	35	$3^2\cdot5\cdot43$
34	$2\cdot13\cdot59$	38	$2\cdot3^2\cdot7\cdot13$	36	$2^3\cdot7\cdot31$	30	$2\cdot3\cdot5\cdot61$	36	$2^4\cdot11^2$
36	$2^9\cdot3$	40	$2^3\cdot5\cdot41$	38	$2\cdot11\cdot79$	33	$3\cdot13\cdot47$	38	$2\cdot3\cdot17\cdot19$
37	$29\cdot53$	43	$31\cdot53$	39	$37\cdot47$	36	$2^2\cdot3^3\cdot17$	40	$2^2\cdot5\cdot97$
39	$3^4\cdot19$	45	$5\cdot7\cdot47$	40	$2^2\cdot3\cdot5\cdot29$	40	$2^4\cdot5\cdot23$	43	$29\cdot67$
40	$2^2\cdot5\cdot7\cdot11$	47	$3^3\cdot61$	42	$2\cdot13\cdot67$	43	$19\cdot97$	44	$2^3\cdot3^5$
41	$23\cdot67$	48	$2^4\cdot103$	43	$3\cdot7\cdot83$	45	$3^2\cdot5\cdot41$	47	$3\cdot11\cdot59$
45	$3\cdot5\cdot103$	49	$17\cdot97$	44	$2^4\cdot109$	46	$2\cdot13\cdot71$	50	$2\cdot3\cdot5^2\cdot13$
47	$7\cdot13\cdot17$	50	$2\cdot3\cdot5^2\cdot11$	46	$2\cdot3^2\cdot97$	48	$2^3\cdot3\cdot7\cdot11$	52	$2^5\cdot61$
48	$2^2\cdot3^2\cdot43$	51	$13\cdot127$	48	$2^2\cdot19\cdot23$	49	43^2	53	$3^2\cdot7\cdot31$
50	$2\cdot5^2\cdot31$	52	$2^2\cdot7\cdot59$	49	$3\cdot11\cdot53$	50	$2\cdot5^2\cdot37$	55	$5\cdot17\cdot23$
51	$3\cdot11\cdot47$	53	$3\cdot19\cdot29$	50	$2\cdot5^3\cdot7$	53	$17\cdot109$	57	$19\cdot103$
52	$2^4\cdot97$	56	$2^3\cdot3^2\cdot23$	51	$17\cdot103$	54	$2\cdot3^2\cdot103$	58	$2\cdot11\cdot89$
54	$2\cdot3\cdot7\cdot37$	59	$3\cdot7\cdot79$	52	$2^3\cdot3\cdot73$	55	$5\cdot7\cdot53$	60	$2^3\cdot5\cdot7^2$
58	$2\cdot19\cdot41$	60	$2^2\cdot5\cdot83$	55	$3^3\cdot5\cdot13$	56	$2^6\cdot29$	61	$37\cdot53$
60	$2^3\cdot3\cdot5\cdot13$	64	$2^7\cdot13$	60	$2^5\cdot5\cdot11$	59	$11\cdot13^2$	62	$2\cdot3^2\cdot109$
62	$2\cdot11\cdot71$	65	$3^2\cdot5\cdot37$	63	$41\cdot43$	60	$2^2\cdot3\cdot5\cdot31$	68	$2^4\cdot3\cdot41$
64	$2^2\cdot17\cdot23$	66	$2\cdot7^2\cdot17$	64	$2^2\cdot3^2\cdot7^2$	62	$2\cdot7^2\cdot19$	71	$3^3\cdot73$
66	$2\cdot3^3\cdot29$	72	$2^3\cdot11\cdot19$	67	$3\cdot19\cdot31$	63	$3^4\cdot23$	72	$2^2\cdot17\cdot29$
68	$2^5\cdot7^2$	74	$2\cdot3^3\cdot31$	68	$2^3\cdot13\cdot17$	69	$3\cdot7\cdot89$	74	$2\cdot3\cdot7\cdot47$
73	$11^2\cdot13$	75	$5^2\cdot67$	69	$29\cdot61$	70	$2\cdot5\cdot11\cdot17$	75	$5^2\cdot79$
75	$3^2\cdot5^2\cdot7$	77	$3\cdot13\cdot43$	70	$2\cdot3\cdot5\cdot59$	72	$2^4\cdot3^2\cdot13$	76	$2^3\cdot13\cdot19$
77	$19\cdot83$	79	$23\cdot73$	71	$7\cdot11\cdot23$	75	$3\cdot5^4$	78	$2\cdot23\cdot43$
80	$2^2\cdot5\cdot79$	80	$2^4\cdot3\cdot5\cdot7$	75	$5^2\cdot71$	76	$2^2\cdot7\cdot67$	80	$2^2\cdot3^2\cdot5\cdot11$
81	$3\cdot17\cdot31$	81	41^2	76	$2^4\cdot3\cdot37$	80	$2^3\cdot5\cdot47$	84	$2^6\cdot31$
82	$2\cdot7\cdot113$	82	$2\cdot29^2$	78	$2\cdot7\cdot127$	81	$3^2\cdot11\cdot19$	88	$2^2\cdot7\cdot71$
84	$2^4\cdot3^2\cdot11$	83	$3^2\cdot11\cdot17$	80	$2^2\cdot5\cdot89$	85	$5\cdot13\cdot29$	89	$3^2\cdot13\cdot17$
86	$2\cdot13\cdot61$	90	$2\cdot5\cdot13^2$	82	$2\cdot3^4\cdot11$	86	$2\cdot23\cdot41$	92	$2^3\cdot3\cdot83$
87	$3\cdot23^2$	91	$19\cdot89$	85	$3\cdot5\cdot7\cdot17$	87	$3\cdot17\cdot37$	95	$3\cdot5\cdot7\cdot19$
90	$2\cdot3\cdot5\cdot53$	92	$2^2\cdot3^2\cdot47$	86	$2\cdot19\cdot47$	88	$2^5\cdot59$	98	$2\cdot3^3\cdot37$
91	$37\cdot43$	94	$2\cdot7\cdot11^2$	92	$2^8\cdot7$	90	$2\cdot3^3\cdot5\cdot7$		
93	$3^3\cdot59$	95	$3\cdot5\cdot113$	94	$2\cdot3\cdot13\cdot23$	91	$31\cdot61$		
95	$5\cdot11\cdot29$	96	$2^5\cdot53$	98	$2\cdot29\cdot31$	92	$2^2\cdot11\cdot43$		
96	$2^2\cdot3\cdot7\cdot19$					96	$2^3\cdot3\cdot79$		
98	$2\cdot17\cdot47$					98	$2\cdot13\cdot73$		
99	$3\cdot13\cdot41$								

2000		2100		2200		2300		2400	
0	$2^4 \cdot 5^3$	0	$2^2 \cdot 3 \cdot 5^2 \cdot 7$	0	$2^3 \cdot 5^2 \cdot 11$	0	$2^2 \cdot 5^2 \cdot 23$	0	$2^5 \cdot 3 \cdot 5^2$
1	$3 \cdot 23 \cdot 29$	6	$2 \cdot 3^4 \cdot 13$	1	$31 \cdot 71$	1	$3 \cdot 13 \cdot 59$	1	7^4
2	$2 \cdot 7 \cdot 11 \cdot 13$	7	$7^2 \cdot 43$	4	$2^2 \cdot 19 \cdot 29$	3	$7^2 \cdot 47$	3	$3^3 \cdot 89$
6	$2 \cdot 17 \cdot 59$	8	$2^2 \cdot 17 \cdot 31$	5	$3^2 \cdot 5 \cdot 7^2$	4	$2^8 \cdot 3^2$	5	$5 \cdot 13 \cdot 37$
9	$7^2 \cdot 41$	9	$3 \cdot 19 \cdot 37$	8	$2^5 \cdot 3 \cdot 23$	10	$2 \cdot 3 \cdot 5 \cdot 7 \cdot 11$	7	$29 \cdot 83$
10	$2 \cdot 3 \cdot 5 \cdot 67$	12	$2^6 \cdot 3 \cdot 11$	9	47^2	12	$2^3 \cdot 17^2$	8	$2^3 \cdot 7 \cdot 43$
13	$3 \cdot 11 \cdot 61$	15	$3^2 \cdot 5 \cdot 47$	10	$2 \cdot 5 \cdot 13 \cdot 17$	14	$2 \cdot 13 \cdot 89$	9	$3 \cdot 11 \cdot 73$
14	$2 \cdot 19 \cdot 53$	16	$2^2 \cdot 23^2$	11	$3 \cdot 11 \cdot 67$	18	$2 \cdot 19 \cdot 61$	12	$2^2 \cdot 3^2 \cdot 67$
15	$5 \cdot 13 \cdot 31$	17	$29 \cdot 73$	12	$2^2 \cdot 7 \cdot 79$	20	$2^4 \cdot 5 \cdot 29$	13	$19 \cdot 127$
16	$2^5 \cdot 3^2 \cdot 7$	20	$2^3 \cdot 5 \cdot 53$	14	$2 \cdot 3^3 \cdot 41$	22	$2 \cdot 3^3 \cdot 43$	14	$2 \cdot 17 \cdot 71$
20	$2^2 \cdot 5 \cdot 101$	21	$3 \cdot 7 \cdot 101$	20	$2^2 \cdot 3 \cdot 5 \cdot 37$	23	$23 \cdot 101$	15	$3 \cdot 5 \cdot 7 \cdot 23$
21	$43 \cdot 47$	24	$2^2 \cdot 3^2 \cdot 59$	22	$2 \cdot 11 \cdot 101$	24	$2^2 \cdot 7 \cdot 83$	18	$2 \cdot 3 \cdot 13 \cdot 31$
23	$7 \cdot 17^2$	25	$5^3 \cdot 17$	23	$3^2 \cdot 13 \cdot 19$	25	$3 \cdot 5^2 \cdot 31$	19	$41 \cdot 59$
24	$2^3 \cdot 11 \cdot 23$	28	$2^4 \cdot 7 \cdot 19$	25	$5^2 \cdot 89$	28	$2^3 \cdot 3 \cdot 97$	20	$2^2 \cdot 5 \cdot 11^2$
25	$3^4 \cdot 5^2$	30	$2 \cdot 3 \cdot 5 \cdot 71$	26	$2 \cdot 3 \cdot 7 \cdot 53$	31	$3^2 \cdot 7 \cdot 37$	24	$2^3 \cdot 3 \cdot 101$
28	$2^2 \cdot 3 \cdot 13^2$	32	$2^2 \cdot 13 \cdot 41$	31	$23 \cdot 97$	32	$2^2 \cdot 11 \cdot 53$	25	$5^2 \cdot 97$
30	$2 \cdot 5 \cdot 7 \cdot 29$	33	$3^3 \cdot 79$	32	$2^3 \cdot 3^2 \cdot 31$	36	$2^5 \cdot 73$	30	$2 \cdot 3^5 \cdot 5$
32	$2^4 \cdot 127$	34	$2 \cdot 11 \cdot 97$	33	$7 \cdot 11 \cdot 29$	37	$3 \cdot 19 \cdot 41$	31	$11 \cdot 13 \cdot 17$
33	$19 \cdot 107$	35	$5 \cdot 7 \cdot 61$	36	$2^2 \cdot 13 \cdot 43$	40	$2^2 \cdot 3^2 \cdot 5 \cdot 13$	32	$2^7 \cdot 19$
34	$2 \cdot 3^2 \cdot 113$	36	$2^3 \cdot 3 \cdot 89$	40	$2^6 \cdot 5 \cdot 7$	43	$3 \cdot 11 \cdot 71$	36	$2^2 \cdot 3 \cdot 7 \cdot 29$
35	$5 \cdot 11 \cdot 37$	39	$3 \cdot 23 \cdot 31$	41	$3^3 \cdot 83$	45	$5 \cdot 7 \cdot 67$	38	$2 \cdot 23 \cdot 53$
37	$3 \cdot 7 \cdot 97$	40	$2^2 \cdot 5 \cdot 107$	42	$2 \cdot 19 \cdot 59$	46	$2 \cdot 3 \cdot 17 \cdot 23$	40	$2^3 \cdot 5 \cdot 61$
40	$2^3 \cdot 3 \cdot 5 \cdot 17$	42	$2 \cdot 3^2 \cdot 7 \cdot 17$	44	$2^2 \cdot 3 \cdot 11 \cdot 17$	49	$3^4 \cdot 29$	42	$2 \cdot 3 \cdot 11 \cdot 37$
44	$2^2 \cdot 7 \cdot 73$	44	$2^5 \cdot 67$	47	$3 \cdot 7 \cdot 107$	50	$2 \cdot 5^2 \cdot 47$	44	$2^2 \cdot 13 \cdot 47$
46	$2 \cdot 3 \cdot 11 \cdot 31$	45	$3 \cdot 5 \cdot 11 \cdot 13$	50	$2 \cdot 3^2 \cdot 5^3$	52	$2^4 \cdot 3 \cdot 7^2$	48	$2^4 \cdot 3^2 \cdot 17$
47	$23 \cdot 89$	46	$2 \cdot 29 \cdot 37$	54	$2 \cdot 7^2 \cdot 23$	54	$2 \cdot 11 \cdot 107$	49	$31 \cdot 79$
48	2^{11}	47	$19 \cdot 113$	55	$5 \cdot 11 \cdot 41$	56	$2^2 \cdot 19 \cdot 31$	50	$2 \cdot 5^2 \cdot 7^2$
50	$2 \cdot 5^2 \cdot 41$	50	$2 \cdot 5^2 \cdot 43$	56	$2^4 \cdot 3 \cdot 47$	60	$2^3 \cdot 5 \cdot 59$	51	$3 \cdot 19 \cdot 43$
52	$2^2 \cdot 3^3 \cdot 19$	56	$2^2 \cdot 7^2 \cdot 11$	57	$37 \cdot 61$	65	$5 \cdot 11 \cdot 43$	57	$3^3 \cdot 7 \cdot 13$
54	$2 \cdot 13 \cdot 79$	58	$2 \cdot 13 \cdot 83$	60	$2^2 \cdot 5 \cdot 113$	66	$2 \cdot 7 \cdot 13^2$	60	$2^2 \cdot 3 \cdot 5 \cdot 41$
57	$11^2 \cdot 17$	59	$17 \cdot 127$	61	$7 \cdot 17 \cdot 19$	68	$2^6 \cdot 37$	61	$23 \cdot 107$
58	$2 \cdot 3 \cdot 7^3$	60	$2^4 \cdot 3^3 \cdot 5$	62	$2 \cdot 3 \cdot 13 \cdot 29$	69	$23 \cdot 103$	64	$2^5 \cdot 7 \cdot 11$
59	$29 \cdot 71$	62	$2 \cdot 23 \cdot 47$	63	$31 \cdot 73$	70	$2 \cdot 3 \cdot 5 \cdot 79$	65	$5 \cdot 17 \cdot 29$
60	$2^2 \cdot 5 \cdot 103$	63	$3 \cdot 7 \cdot 103$	66	$2 \cdot 11 \cdot 103$	73	$3 \cdot 7 \cdot 113$	70	$2 \cdot 5 \cdot 13 \cdot 19$
64	$2^4 \cdot 3 \cdot 43$	66	$2 \cdot 3 \cdot 19^2$	68	$2^2 \cdot 3^4 \cdot 7$	75	$5^3 \cdot 19$	72	$2^3 \cdot 3 \cdot 103$
65	$5 \cdot 7 \cdot 59$	70	$2 \cdot 5 \cdot 7 \cdot 31$	72	$2^5 \cdot 71$	76	$2^3 \cdot 3^3 \cdot 11$	75	$3^2 \cdot 5^2 \cdot 11$
67	$3 \cdot 13 \cdot 53$	73	$41 \cdot 53$	75	$5^2 \cdot 7 \cdot 13$	78	$2 \cdot 29 \cdot 41$	78	$2 \cdot 3 \cdot 7 \cdot 59$
68	$2^2 \cdot 11 \cdot 47$	75	$3 \cdot 5^2 \cdot 29$	77	$3^2 \cdot 11 \cdot 23$	79	$3 \cdot 13 \cdot 61$	79	$37 \cdot 67$
70	$2 \cdot 3^2 \cdot 5 \cdot 23$	76	$2^7 \cdot 17$	78	$2 \cdot 17 \cdot 67$	80	$2^2 \cdot 5 \cdot 7 \cdot 17$	80	$2^4 \cdot 5 \cdot 31$
71	$19 \cdot 109$	78	$2 \cdot 3^2 \cdot 11^2$	79	$43 \cdot 53$	85	$3^2 \cdot 5 \cdot 53$	82	$2 \cdot 17 \cdot 73$
72	$2^3 \cdot 7 \cdot 37$	80	$2^2 \cdot 5 \cdot 109$	80	$2^3 \cdot 3 \cdot 5 \cdot 19$	87	$7 \cdot 11 \cdot 31$	84	$2^2 \cdot 3^3 \cdot 23$
74	$2 \cdot 17 \cdot 61$	83	$37 \cdot 59$	86	$2 \cdot 3^2 \cdot 127$	92	$2^3 \cdot 13 \cdot 23$	85	$5 \cdot 7 \cdot 71$
75	$5^2 \cdot 83$	84	$2^3 \cdot 3 \cdot 7 \cdot 13$	88	$2^4 \cdot 11 \cdot 13$	94	$2 \cdot 3^2 \cdot 7 \cdot 19$	86	$2 \cdot 11 \cdot 113$
77	$31 \cdot 67$	85	$5 \cdot 19 \cdot 23$	89	$3 \cdot 7 \cdot 109$	97	$3 \cdot 17 \cdot 47$	90	$2 \cdot 3 \cdot 5 \cdot 83$
79	$3^3 \cdot 7 \cdot 11$	87	3^7	91	$29 \cdot 79$	98	$2 \cdot 11 \cdot 109$	91	$47 \cdot 53$
80	$2^5 \cdot 5 \cdot 13$	90	$2 \cdot 3 \cdot 5 \cdot 73$	94	$2 \cdot 31 \cdot 37$			92	$2^2 \cdot 7 \cdot 89$
88	$2^3 \cdot 3^2 \cdot 29$	93	$3 \cdot 17 \cdot 43$	95	$3^3 \cdot 5 \cdot 17$			94	$2 \cdot 29 \cdot 43$
90	$2 \cdot 5 \cdot 11 \cdot 19$	96	$2^2 \cdot 3^2 \cdot 61$	96	$2^3 \cdot 7 \cdot 41$			96	$2^6 \cdot 3 \cdot 13$
91	$3 \cdot 17 \cdot 41$	97	13^3	99	$11^2 \cdot 19$			99	$3 \cdot 7^2 \cdot 17$
93	$7 \cdot 13 \cdot 23$								

2500		2600		2700		2800		2900	
0	$2^2 \cdot 5^4$	0	$2^3 \cdot 5^2 \cdot 13$	0	$2^2 \cdot 3^3 \cdot 5^2$	0	$2^4 \cdot 5^2 \cdot 7$	0	$2^2 \cdot 5^2 \cdot 29$
1	$41 \cdot 61$	1	$3^2 \cdot 17^2$	1	$37 \cdot 73$	5	$3 \cdot 5 \cdot 11 \cdot 17$	4	$2^3 \cdot 3 \cdot 11^2$
7	$23 \cdot 109$	4	$2^2 \cdot 3 \cdot 7 \cdot 31$	3	$3 \cdot 17 \cdot 53$	6	$2 \cdot 23 \cdot 61$	5	$5 \cdot 7 \cdot 83$
8	$2^2 \cdot 3 \cdot 11 \cdot 19$	7	$3 \cdot 11 \cdot 79$	4	$2^4 \cdot 13^2$	8	$2^3 \cdot 3^3 \cdot 13$	7	$3^2 \cdot 17 \cdot 19$
11	$3^4 \cdot 31$	10	$2 \cdot 3^2 \cdot 5 \cdot 29$	6	$2 \cdot 3 \cdot 11 \cdot 41$	9	53^2	10	$2 \cdot 3 \cdot 5 \cdot 97$
16	$2^2 \cdot 17 \cdot 37$	13	$3 \cdot 13 \cdot 67$	9	$3^2 \cdot 7 \cdot 43$	12	$2^2 \cdot 19 \cdot 37$	11	$41 \cdot 71$
20	$2^3 \cdot 3^2 \cdot 5 \cdot 7$	16	$2^3 \cdot 3 \cdot 109$	12	$2^3 \cdot 3 \cdot 113$	13	$29 \cdot 97$	12	$2^5 \cdot 7 \cdot 13$
22	$2 \cdot 13 \cdot 97$	18	$2 \cdot 7 \cdot 11 \cdot 17$	14	$2 \cdot 23 \cdot 59$	14	$2 \cdot 3 \cdot 7 \cdot 67$	14	$2 \cdot 31 \cdot 47$
23	$3 \cdot 29^2$	19	$3^3 \cdot 97$	16	$2^2 \cdot 7 \cdot 97$	16	$2^8 \cdot 11$	15	$5 \cdot 11 \cdot 53$
25	$5^2 \cdot 101$	22	$2 \cdot 3 \cdot 19 \cdot 23$	17	$11 \cdot 13 \cdot 19$	20	$2^2 \cdot 3 \cdot 5 \cdot 47$	16	$2^2 \cdot 3^6$
27	$7 \cdot 19^2$	23	$43 \cdot 61$	20	$2^5 \cdot 5 \cdot 17$	21	$7 \cdot 13 \cdot 31$	20	$2^3 \cdot 5 \cdot 73$
28	$2^5 \cdot 79$	24	$2^6 \cdot 41$	25	$5^2 \cdot 109$	22	$2 \cdot 17 \cdot 83$	21	$23 \cdot 127$
30	$2 \cdot 5 \cdot 11 \cdot 23$	25	$3 \cdot 5^3 \cdot 7$	26	$2 \cdot 29 \cdot 47$	25	$5^2 \cdot 113$	23	$37 \cdot 79$
35	$3 \cdot 5 \cdot 13^2$	26	$2 \cdot 13 \cdot 101$	27	$3^3 \cdot 101$	28	$2^2 \cdot 7 \cdot 101$	24	$2^2 \cdot 17 \cdot 43$
37	$43 \cdot 59$	27	$37 \cdot 71$	28	$2^3 \cdot 11 \cdot 31$	29	$3 \cdot 23 \cdot 41$	25	$3^2 \cdot 5^2 \cdot 13$
38	$2 \cdot 3^3 \cdot 47$	28	$2^2 \cdot 3^2 \cdot 73$	30	$2 \cdot 3 \cdot 5 \cdot 7 \cdot 13$	32	$2^4 \cdot 3 \cdot 59$	26	$2 \cdot 7 \cdot 11 \cdot 19$
40	$2^2 \cdot 5 \cdot 127$	32	$2^3 \cdot 7 \cdot 47$	36	$2^4 \cdot 3^2 \cdot 19$	34	$2 \cdot 13 \cdot 109$	28	$2^4 \cdot 3 \cdot 61$
41	$3 \cdot 7 \cdot 11^2$	35	$5 \cdot 17 \cdot 31$	37	$7 \cdot 17 \cdot 23$	35	$3^4 \cdot 5 \cdot 7$	29	$29 \cdot 101$
42	$2 \cdot 31 \cdot 41$	39	$7 \cdot 13 \cdot 29$	38	$2 \cdot 37^2$	38	$2 \cdot 3 \cdot 11 \cdot 43$	37	$3 \cdot 11 \cdot 89$
44	$2^4 \cdot 3 \cdot 53$	40	$2^4 \cdot 3 \cdot 5 \cdot 11$	39	$3 \cdot 11 \cdot 83$	40	$2^3 \cdot 5 \cdot 71$	38	$2 \cdot 13 \cdot 113$
46	$2 \cdot 19 \cdot 67$	45	$5 \cdot 23^2$	44	$2^3 \cdot 7^3$	42	$2 \cdot 7^2 \cdot 29$	40	$2^2 \cdot 3 \cdot 5 \cdot 7^2$
48	$2^2 \cdot 7^2 \cdot 13$	46	$2 \cdot 3^3 \cdot 7^2$	45	$3^2 \cdot 5 \cdot 61$	44	$2^2 \cdot 3^2 \cdot 79$	43	$3^3 \cdot 109$
50	$2 \cdot 3 \cdot 5^2 \cdot 17$	50	$2 \cdot 5^2 \cdot 53$	47	$41 \cdot 67$	47	$3 \cdot 13 \cdot 73$	44	$2^7 \cdot 23$
52	$2^3 \cdot 11 \cdot 29$	52	$2^2 \cdot 3 \cdot 13 \cdot 17$	50	$2 \cdot 5^3 \cdot 11$	48	$2^5 \cdot 89$	45	$5 \cdot 19 \cdot 31$
53	$3 \cdot 23 \cdot 37$	55	$3^2 \cdot 5 \cdot 59$	52	$2^6 \cdot 43$	49	$7 \cdot 11 \cdot 37$	48	$2^2 \cdot 11 \cdot 67$
55	$5 \cdot 7 \cdot 73$	56	$2^5 \cdot 83$	54	$2 \cdot 3^4 \cdot 17$	50	$2 \cdot 3 \cdot 5^2 \cdot 19$	50	$2 \cdot 5^2 \cdot 59$
56	$2^2 \cdot 3^2 \cdot 71$	60	$2^2 \cdot 5 \cdot 7 \cdot 19$	55	$5 \cdot 19 \cdot 29$	52	$2^2 \cdot 23 \cdot 31$	52	$2^3 \cdot 3^2 \cdot 41$
60	$2^9 \cdot 5$	62	$2 \cdot 11^3$	56	$2^2 \cdot 13 \cdot 53$	56	$2^3 \cdot 3 \cdot 7 \cdot 17$	58	$2 \cdot 3 \cdot 17 \cdot 29$
62	$2 \cdot 3 \cdot 7 \cdot 61$	64	$2^3 \cdot 3^2 \cdot 37$	59	$31 \cdot 89$	60	$2^2 \cdot 5 \cdot 11 \cdot 13$	60	$2^4 \cdot 5 \cdot 37$
65	$3^3 \cdot 5 \cdot 19$	65	$5 \cdot 13 \cdot 41$	60	$2^3 \cdot 3 \cdot 5 \cdot 23$	62	$2 \cdot 3^3 \cdot 53$	61	$3^2 \cdot 7 \cdot 47$
68	$2^3 \cdot 3 \cdot 107$	66	$2 \cdot 31 \cdot 43$	65	$5 \cdot 7 \cdot 79$	67	$47 \cdot 61$	64	$2^2 \cdot 3 \cdot 13 \cdot 19$
73	$31 \cdot 83$	67	$3 \cdot 7 \cdot 127$	69	$3 \cdot 13 \cdot 71$	70	$2 \cdot 5 \cdot 7 \cdot 41$	67	$3 \cdot 23 \cdot 43$
74	$2 \cdot 3^2 \cdot 11 \cdot 13$	68	$2^2 \cdot 23 \cdot 29$	72	$2^2 \cdot 3^2 \cdot 7 \cdot 11$	71	$3^2 \cdot 11 \cdot 29$	68	$2^3 \cdot 7 \cdot 53$
75	$5^2 \cdot 103$	70	$2 \cdot 3 \cdot 5 \cdot 89$	73	$47 \cdot 59$	73	$13^2 \cdot 17$	70	$2 \cdot 3^3 \cdot 5 \cdot 11$
76	$2^4 \cdot 7 \cdot 23$	73	$3^5 \cdot 11$	74	$2 \cdot 19 \cdot 73$	75	$5^3 \cdot 23$	75	$5^2 \cdot 7 \cdot 17$
80	$2^2 \cdot 3 \cdot 5 \cdot 43$	75	$5^2 \cdot 107$	75	$3 \cdot 5^2 \cdot 37$	80	$2^6 \cdot 3^2 \cdot 5$	76	$2^5 \cdot 3 \cdot 31$
81	$29 \cdot 89$	78	$2 \cdot 13 \cdot 103$	81	$3^3 \cdot 103$	81	$43 \cdot 67$	82	$2 \cdot 3 \cdot 7 \cdot 71$
83	$3^2 \cdot 7 \cdot 41$	79	$3 \cdot 19 \cdot 47$	82	$2 \cdot 13 \cdot 107$	83	$3 \cdot 31^2$	87	$29 \cdot 103$
84	$2^3 \cdot 17 \cdot 19$	80	$2^3 \cdot 5 \cdot 67$	83	$11^2 \cdot 23$	84	$2^2 \cdot 7 \cdot 103$	88	$2^2 \cdot 3^2 \cdot 83$
85	$5 \cdot 11 \cdot 47$	84	$2^2 \cdot 11 \cdot 61$	84	$2^5 \cdot 3 \cdot 29$	86	$2 \cdot 3 \cdot 13 \cdot 37$	89	$7^2 \cdot 61$
90	$2 \cdot 5 \cdot 7 \cdot 37$	86	$2 \cdot 17 \cdot 79$	88	$2^2 \cdot 17 \cdot 41$	88	$2^3 \cdot 19^2$	90	$2 \cdot 5 \cdot 13 \cdot 23$
92	$2^5 \cdot 3^4$	88	$2^7 \cdot 3 \cdot 7$	90	$2 \cdot 3^2 \cdot 5 \cdot 31$	89	$3^3 \cdot 107$	92	$2^4 \cdot 11 \cdot 17$
96	$2^2 \cdot 11 \cdot 59$	91	$3^2 \cdot 13 \cdot 23$	93	$3 \cdot 7^2 \cdot 19$	90	$2 \cdot 5 \cdot 17^2$	93	$41 \cdot 73$
97	$7^2 \cdot 53$	95	$5 \cdot 7^2 \cdot 11$	94	$2 \cdot 11 \cdot 127$	91	$7^2 \cdot 59$	96	$2^2 \cdot 7 \cdot 107$
99	$23 \cdot 113$	97	$3 \cdot 29 \cdot 31$	95	$5 \cdot 13 \cdot 43$	98	$2 \cdot 3^2 \cdot 7 \cdot 23$	97	$3^4 \cdot 37$
		98	$2 \cdot 19 \cdot 71$						

3000		3100		3200		3300		3400	
0	$2^3 \cdot 3 \cdot 5^3$	0	$2^2 \cdot 5^2 \cdot 31$	0	$2^7 \cdot 5^2$	0	$2^2 \cdot 3 \cdot 5^2 \cdot 11$	0	$2^3 \cdot 5^2 \cdot 17$
2	$2 \cdot 19 \cdot 79$	2	$2 \cdot 3 \cdot 11 \cdot 47$	1	$3 \cdot 11 \cdot 97$	2	$2 \cdot 13 \cdot 127$	2	$2 \cdot 3^5 \cdot 7$
3	$3 \cdot 7 \cdot 11 \cdot 13$	3	$29 \cdot 107$	4	$2^2 \cdot 3^2 \cdot 89$	4	$2^3 \cdot 7 \cdot 59$	3	$41 \cdot 83$
7	$31 \cdot 97$	4	$2^5 \cdot 97$	10	$2 \cdot 3 \cdot 5 \cdot 107$	6	$2 \cdot 3 \cdot 19 \cdot 29$	4	$2^2 \cdot 23 \cdot 37$
8	$2^6 \cdot 47$	5	$3^3 \cdot 5 \cdot 23$	11	$13^2 \cdot 19$	11	$7 \cdot 11 \cdot 43$	8	$2^4 \cdot 3 \cdot 71$
9	$3 \cdot 17 \cdot 59$	8	$2^2 \cdot 3 \cdot 7 \cdot 37$	12	$2^2 \cdot 11 \cdot 73$	12	$2^4 \cdot 3^2 \cdot 23$	10	$2 \cdot 5 \cdot 11 \cdot 31$
10	$2 \cdot 5 \cdot 7 \cdot 43$	11	$3 \cdot 17 \cdot 61$	13	$3^3 \cdot 7 \cdot 17$	15	$3 \cdot 5 \cdot 13 \cdot 17$	16	$2^3 \cdot 7 \cdot 61$
15	$3^2 \cdot 5 \cdot 67$	15	$5 \cdot 7 \cdot 89$	16	$2^4 \cdot 3 \cdot 67$	17	$31 \cdot 107$	17	$3 \cdot 17 \cdot 67$
16	$2^3 \cdot 13 \cdot 29$	16	$2^2 \cdot 19 \cdot 41$	19	$3 \cdot 29 \cdot 37$	18	$2 \cdot 3 \cdot 7 \cdot 79$	20	$2^2 \cdot 3^2 \cdot 5 \cdot 19$
21	$3 \cdot 19 \cdot 53$	20	$2^4 \cdot 3 \cdot 5 \cdot 13$	20	$2^2 \cdot 5 \cdot 7 \cdot 23$	20	$2^3 \cdot 5 \cdot 83$	22	$2 \cdot 29 \cdot 59$
24	$2^4 \cdot 3^3 \cdot 7$	24	$2^2 \cdot 11 \cdot 71$	24	$2^3 \cdot 13 \cdot 31$	21	$3^4 \cdot 41$	24	$2^5 \cdot 107$
25	$5^2 \cdot 11^2$	25	5^5	25	$3 \cdot 5^2 \cdot 43$	25	$5^2 \cdot 7 \cdot 19$	29	$3^3 \cdot 127$
26	$2 \cdot 17 \cdot 89$	27	$53 \cdot 59$	30	$2 \cdot 5 \cdot 17 \cdot 19$	28	$2^8 \cdot 13$	30	$2 \cdot 5 \cdot 7^3$
30	$2 \cdot 3 \cdot 5 \cdot 101$	28	$2^3 \cdot 17 \cdot 23$	32	$2^5 \cdot 101$	30	$2 \cdot 3^2 \cdot 5 \cdot 37$	31	$47 \cdot 73$
34	$2 \cdot 37 \cdot 41$	31	$31 \cdot 101$	33	$53 \cdot 61$	32	$2^2 \cdot 7^2 \cdot 17$	32	$2^3 \cdot 3 \cdot 11 \cdot 13$
36	$2^2 \cdot 3 \cdot 11 \cdot 23$	32	$2^2 \cdot 3^3 \cdot 29$	34	$2 \cdot 3 \cdot 7^2 \cdot 11$	33	$3 \cdot 11 \cdot 101$	34	$2 \cdot 17 \cdot 101$
38	$2 \cdot 7^2 \cdot 31$	35	$3 \cdot 5 \cdot 11 \cdot 19$	37	$3 \cdot 13 \cdot 83$	35	$5 \cdot 23 \cdot 29$	40	$2^4 \cdot 5 \cdot 43$
40	$2^5 \cdot 5 \cdot 19$	36	$2^6 \cdot 7^2$	39	$41 \cdot 79$	37	$47 \cdot 71$	41	$3 \cdot 31 \cdot 37$
42	$2 \cdot 3^2 \cdot 13^2$	39	$43 \cdot 73$	40	$2^3 \cdot 3^4 \cdot 5$	39	$3^2 \cdot 7 \cdot 53$	44	$2^2 \cdot 3 \cdot 7 \cdot 41$
45	$3 \cdot 5 \cdot 7 \cdot 29$	45	$5 \cdot 17 \cdot 37$	43	$3 \cdot 23 \cdot 47$	44	$2^4 \cdot 11 \cdot 19$	45	$5 \cdot 13 \cdot 53$
48	$2^3 \cdot 3 \cdot 127$	46	$2 \cdot 11^2 \cdot 13$	45	$5 \cdot 11 \cdot 59$	48	$2^2 \cdot 3^3 \cdot 31$	50	$2 \cdot 3 \cdot 5^2 \cdot 23$
50	$2 \cdot 5^2 \cdot 61$	49	$47 \cdot 67$	48	$2^4 \cdot 7 \cdot 29$	50	$2 \cdot 5^2 \cdot 67$	51	$7 \cdot 17 \cdot 29$
51	$3^3 \cdot 113$	50	$2 \cdot 3^2 \cdot 5^2 \cdot 7$	49	$3^2 \cdot 19^2$	54	$2 \cdot 3 \cdot 13 \cdot 43$	56	$2^7 \cdot 3^3$
52	$2^2 \cdot 7 \cdot 109$	54	$2 \cdot 19 \cdot 83$	50	$2 \cdot 5^3 \cdot 13$	55	$5 \cdot 11 \cdot 61$	58	$2 \cdot 7 \cdot 13 \cdot 19$
53	$43 \cdot 71$	57	$7 \cdot 11 \cdot 41$	55	$3 \cdot 5 \cdot 7 \cdot 31$	58	$2 \cdot 23 \cdot 73$	65	$3^2 \cdot 5 \cdot 7 \cdot 11$
55	$5 \cdot 13 \cdot 47$	59	$3^5 \cdot 13$	56	$2^3 \cdot 11 \cdot 37$	60	$2^5 \cdot 3 \cdot 5 \cdot 7$	68	$2^2 \cdot 3 \cdot 17^2$
59	$7 \cdot 19 \cdot 23$	60	$2^3 \cdot 5 \cdot 79$	64	$2^6 \cdot 3 \cdot 17$	62	$2 \cdot 41^2$	71	$3 \cdot 13 \cdot 89$
60	$2^2 \cdot 3^2 \cdot 5 \cdot 17$	61	$29 \cdot 109$	66	$2 \cdot 23 \cdot 71$	63	$3 \cdot 19 \cdot 59$	72	$2^4 \cdot 7 \cdot 31$
66	$2 \cdot 3 \cdot 7 \cdot 73$	62	$2 \cdot 3 \cdot 17 \cdot 31$	67	$3^3 \cdot 11^2$	64	$2^2 \cdot 29^2$	76	$2^2 \cdot 11 \cdot 79$
68	$2^2 \cdot 13 \cdot 59$	64	$2^2 \cdot 7 \cdot 113$	68	$2^2 \cdot 19 \cdot 43$	66	$2 \cdot 3^2 \cdot 11 \cdot 17$	77	$3 \cdot 19 \cdot 61$
69	$3^2 \cdot 11 \cdot 31$	68	$2^5 \cdot 3^2 \cdot 11$	70	$2 \cdot 3 \cdot 5 \cdot 109$	67	$7 \cdot 13 \cdot 37$	78	$2 \cdot 37 \cdot 47$
71	$37 \cdot 83$	72	$2^2 \cdot 13 \cdot 61$	76	$2^2 \cdot 3^2 \cdot 7 \cdot 13$	75	$3^3 \cdot 5^3$	79	$7^2 \cdot 71$
72	$2^{10} \cdot 3$	74	$2 \cdot 3 \cdot 23^2$	77	$29 \cdot 113$	79	$31 \cdot 109$	80	$2^3 \cdot 3 \cdot 5 \cdot 29$
74	$2 \cdot 29 \cdot 53$	75	$5^2 \cdot 127$	80	$2^4 \cdot 5 \cdot 41$	80	$2^2 \cdot 5 \cdot 13^2$	81	59^2
75	$3 \cdot 5^2 \cdot 41$	79	$71 \cdot 17^2$	83	$7^2 \cdot 67$	81	$3 \cdot 7^2 \cdot 23$	83	$3^4 \cdot 43$
78	$2 \cdot 3^4 \cdot 19$	80	$2^2 \cdot 3 \cdot 5 \cdot 53$	85	$3^2 \cdot 5 \cdot 73$	82	$2 \cdot 19 \cdot 89$	84	$2^2 \cdot 13 \cdot 67$
80	$2^3 \cdot 5 \cdot 7 \cdot 11$	82	$2 \cdot 37 \cdot 43$	86	$2 \cdot 31 \cdot 53$	84	$2^3 \cdot 3^2 \cdot 47$	85	$5 \cdot 17 \cdot 41$
81	$3 \cdot 13 \cdot 79$	85	$5 \cdot 7^2 \cdot 13$	89	$11 \cdot 13 \cdot 23$	88	$2^2 \cdot 7 \cdot 11^2$	86	$2 \cdot 3 \cdot 7 \cdot 83$
82	$2 \cdot 23 \cdot 67$	86	$2 \cdot 3^3 \cdot 59$	90	$2 \cdot 5 \cdot 7 \cdot 47$	90	$2 \cdot 3 \cdot 5 \cdot 113$	88	$2^5 \cdot 109$
87	$3^2 \cdot 7^3$	90	$2 \cdot 5 \cdot 11 \cdot 29$	93	$37 \cdot 89$	92	$2^6 \cdot 53$	92	$2^2 \cdot 3^2 \cdot 97$
90	$2 \cdot 3 \cdot 5 \cdot 103$	92	$2^3 \cdot 3 \cdot 7 \cdot 19$	94	$2 \cdot 3^3 \cdot 61$	93	$3^2 \cdot 13 \cdot 29$	96	$2^3 \cdot 19 \cdot 23$
94	$2 \cdot 7 \cdot 13 \cdot 17$	93	$31 \cdot 103$	96	$2^5 \cdot 103$	95	$5 \cdot 7 \cdot 97$	98	$2 \cdot 3 \cdot 11 \cdot 53$
96	$2^3 \cdot 3^2 \cdot 43$	95	$3^2 \cdot 5 \cdot 71$	98	$2 \cdot 17 \cdot 97$	97	$43 \cdot 79$		
		96	$2^2 \cdot 17 \cdot 47$			99	$3 \cdot 11 \cdot 103$		
		98	$2 \cdot 3 \cdot 13 \cdot 41$						

Faktorentafel 1 bis 10000.

3500		3600		3700		3800		3900	
0	$2^2 \cdot 5^3 \cdot 7$	0	$2^4 \cdot 3^2 \cdot 5^2$	0	$2^2 \cdot 5^2 \cdot 37$	0	$2^3 \cdot 5^2 \cdot 19$	0	$2^2 \cdot 3 \cdot 5^2 \cdot 13$
2	$2 \cdot 17 \cdot 103$	4	$2^2 \cdot 17 \cdot 53$	3	$7 \cdot 23^2$	7	$3^4 \cdot 47$	1	$47 \cdot 83$
3	$31 \cdot 113$	5	$5 \cdot 7 \cdot 103$	5	$3 \cdot 5 \cdot 13 \cdot 19$	8	$2^5 \cdot 7 \cdot 17$	4	$2^6 \cdot 61$
4	$2^4 \cdot 3 \cdot 73$	8	$2^3 \cdot 11 \cdot 41$	6	$2 \cdot 17 \cdot 109$	10	$2 \cdot 3 \cdot 5 \cdot 127$	5	$5 \cdot 11 \cdot 71$
9	$11^2 \cdot 29$	10	$2 \cdot 5 \cdot 19^2$	8	$2^2 \cdot 3^2 \cdot 103$	11	$37 \cdot 103$	6	$2 \cdot 3^2 \cdot 7 \cdot 31$
10	$2 \cdot 3^3 \cdot 5 \cdot 13$	12	$2^2 \cdot 3 \cdot 7 \cdot 43$	10	$2 \cdot 5 \cdot 7 \cdot 53$	13	$3 \cdot 31 \cdot 41$	10	$2 \cdot 5 \cdot 17 \cdot 23$
15	$5 \cdot 19 \cdot 37$	16	$2^5 \cdot 113$	12	$2^7 \cdot 29$	15	$5 \cdot 7 \cdot 109$	13	$7 \cdot 13 \cdot 43$
19	$3^2 \cdot 17 \cdot 23$	18	$2 \cdot 3^3 \cdot 67$	13	$47 \cdot 79$	16	$2^3 \cdot 3^2 \cdot 53$	14	$2 \cdot 19 \cdot 103$
20	$2^6 \cdot 5 \cdot 11$	19	$7 \cdot 11 \cdot 47$	17	$3^2 \cdot 7 \cdot 59$	18	$2 \cdot 23 \cdot 83$	15	$3^3 \cdot 5 \cdot 29$
25	$3 \cdot 5^2 \cdot 47$	21	$3 \cdot 17 \cdot 71$	18	$2 \cdot 11 \cdot 13^2$	19	$3 \cdot 19 \cdot 67$	16	$2^2 \cdot 11 \cdot 89$
26	$2 \cdot 41 \cdot 43$	25	$5^3 \cdot 29$	20	$2^3 \cdot 3 \cdot 5 \cdot 31$	22	$2 \cdot 3 \cdot 7^2 \cdot 13$	20	$2^4 \cdot 5 \cdot 7^2$
28	$2^3 \cdot 3^2 \cdot 7^2$	26	$2 \cdot 7^2 \cdot 37$	21	61^2	25	$3^2 \cdot 5^2 \cdot 17$	22	$2 \cdot 37 \cdot 53$
31	$3 \cdot 11 \cdot 107$	27	$3^2 \cdot 13 \cdot 31$	23	$3 \cdot 17 \cdot 73$	27	$43 \cdot 89$	24	$2^2 \cdot 3^2 \cdot 109$
34	$2 \cdot 3 \cdot 19 \cdot 31$	30	$2 \cdot 3 \cdot 5 \cdot 11^2$	24	$2^2 \cdot 7^2 \cdot 19$	28	$2^2 \cdot 3 \cdot 11 \cdot 29$	27	$3 \cdot 7 \cdot 11 \cdot 17$
35	$5 \cdot 7 \cdot 101$	34	$2 \cdot 23 \cdot 79$	26	$2 \cdot 3^4 \cdot 23$	34	$2 \cdot 3^3 \cdot 71$	33	$3^2 \cdot 19 \cdot 23$
36	$2^4 \cdot 13 \cdot 17$	36	$2^2 \cdot 3^2 \cdot 101$	29	$3 \cdot 11 \cdot 113$	35	$5 \cdot 13 \cdot 59$	36	$2^5 \cdot 3 \cdot 41$
38	$2 \cdot 29 \cdot 61$	38	$2 \cdot 17 \cdot 107$	31	$7 \cdot 13 \cdot 41$	38	$2 \cdot 19 \cdot 101$	37	$31 \cdot 127$
40	$2^2 \cdot 3 \cdot 5 \cdot 59$	40	$2^3 \cdot 5 \cdot 7 \cdot 13$	35	$3^2 \cdot 5 \cdot 83$	40	$2^8 \cdot 3 \cdot 5$	39	$3 \cdot 13 \cdot 101$
42	$2 \cdot 7 \cdot 11 \cdot 23$	45	$3^6 \cdot 5$	37	$37 \cdot 101$	42	$2 \cdot 17 \cdot 113$	42	$2 \cdot 3^3 \cdot 73$
49	$3 \cdot 7 \cdot 13^2$	48	$2^6 \cdot 3 \cdot 19$	38	$2 \cdot 3 \cdot 7 \cdot 89$	43	$3^2 \cdot 7 \cdot 61$	44	$2^3 \cdot 17 \cdot 29$
50	$2 \cdot 5^2 \cdot 71$	49	$41 \cdot 89$	40	$2^2 \cdot 5 \cdot 11 \cdot 17$	44	$2^2 \cdot 31^2$	48	$2^2 \cdot 3 \cdot 7 \cdot 47$
51	$53 \cdot 67$	50	$2 \cdot 5^2 \cdot 73$	41	$3 \cdot 29 \cdot 43$	48	$2^3 \cdot 13 \cdot 37$	50	$2 \cdot 5^2 \cdot 79$
52	$2^5 \cdot 3 \cdot 37$	52	$2^2 \cdot 11 \cdot 83$	44	$2^5 \cdot 3^2 \cdot 13$	50	$2 \cdot 5^2 \cdot 7 \cdot 11$	52	$2^4 \cdot 13 \cdot 19$
53	$11 \cdot 17 \cdot 19$	54	$2 \cdot 3^2 \cdot 7 \cdot 29$	45	$5 \cdot 7 \cdot 107$	52	$2^2 \cdot 3^2 \cdot 107$	53	$59 \cdot 67$
55	$3^2 \cdot 5 \cdot 79$	55	$5 \cdot 17 \cdot 43$	50	$2 \cdot 3 \cdot 5^4$	54	$2 \cdot 41 \cdot 47$	55	$5 \cdot 7 \cdot 113$
56	$2^2 \cdot 7 \cdot 127$	57	$3 \cdot 23 \cdot 53$	51	$11^2 \cdot 31$	57	$7 \cdot 19 \cdot 29$	56	$2^2 \cdot 23 \cdot 43$
60	$2^3 \cdot 5 \cdot 89$	58	$2 \cdot 31 \cdot 59$	52	$2^3 \cdot 7 \cdot 67$	61	$3^3 \cdot 11 \cdot 13$	59	$37 \cdot 107$
64	$2^2 \cdot 3^4 \cdot 11$	60	$2^2 \cdot 3 \cdot 5 \cdot 61$	57	$13 \cdot 17^2$	64	$2^3 \cdot 3 \cdot 7 \cdot 23$	60	$2^3 \cdot 3^2 \cdot 5 \cdot 11$
65	$5 \cdot 23 \cdot 31$	63	$3^2 \cdot 11 \cdot 37$	60	$2^4 \cdot 5 \cdot 47$	69	$53 \cdot 73$	65	$5 \cdot 13 \cdot 61$
67	$3 \cdot 29 \cdot 41$	66	$2 \cdot 3 \cdot 13 \cdot 47$	62	$2 \cdot 3^2 \cdot 11 \cdot 19$	70	$2 \cdot 3^2 \cdot 5 \cdot 43$	68	$2^7 \cdot 31$
69	$43 \cdot 83$	72	$2^3 \cdot 3^3 \cdot 17$	63	$53 \cdot 71$	71	$7^2 \cdot 79$	69	$3^4 \cdot 7^2$
70	$2 \cdot 3 \cdot 5 \cdot 7 \cdot 17$	75	$3 \cdot 5^2 \cdot 7^2$	70	$2 \cdot 5 \cdot 13 \cdot 29$	72	$2^5 \cdot 11^2$	71	$11 \cdot 19^2$
72	$2^2 \cdot 19 \cdot 47$	80	$2^5 \cdot 5 \cdot 23$	72	$2^2 \cdot 23 \cdot 41$	75	$5^3 \cdot 31$	75	$3 \cdot 5^2 \cdot 53$
75	$5^2 \cdot 11 \cdot 13$	83	$29 \cdot 127$	73	$7^3 \cdot 11$	76	$2^2 \cdot 3 \cdot 17 \cdot 19$	76	$2^3 \cdot 7 \cdot 71$
77	$7^2 \cdot 73$	85	$5 \cdot 11 \cdot 67$	74	$2 \cdot 3 \cdot 17 \cdot 37$	80	$2^3 \cdot 5 \cdot 97$	77	$41 \cdot 97$
84	$2^9 \cdot 7$	86	$2 \cdot 19 \cdot 97$	76	$2^6 \cdot 59$	85	$3 \cdot 5 \cdot 7 \cdot 37$	78	$2 \cdot 3^2 \cdot 13 \cdot 17$
88	$2^2 \cdot 3 \cdot 13 \cdot 23$	89	$7 \cdot 17 \cdot 31$	80	$2^2 \cdot 3^3 \cdot 5 \cdot 7$	86	$2 \cdot 29 \cdot 67$	84	$2^4 \cdot 3 \cdot 83$
89	$37 \cdot 97$	90	$2 \cdot 3^2 \cdot 5 \cdot 41$	82	$2 \cdot 31 \cdot 61$	87	$13^2 \cdot 23$	90	$2 \cdot 3 \cdot 5 \cdot 7 \cdot 19$
91	$3^3 \cdot 7 \cdot 19$	92	$2^2 \cdot 13 \cdot 71$	83	$3 \cdot 13 \cdot 97$	88	$2^4 \cdot 3^5$	93	$3 \cdot 11^3$
96	$2^2 \cdot 29 \cdot 31$	96	$2^4 \cdot 3 \cdot 7 \cdot 11$	84	$2^3 \cdot 11 \cdot 43$	94	$2 \cdot 3 \cdot 11 \cdot 59$	95	$5 \cdot 17 \cdot 47$
97	$3 \cdot 11 \cdot 109$	98	$2 \cdot 43^2$	92	$2^4 \cdot 3 \cdot 79$	95	$5 \cdot 19 \cdot 41$	96	$2^2 \cdot 3^3 \cdot 37$
99	$59 \cdot 61$			95	$3 \cdot 5 \cdot 11 \cdot 23$			99	$3 \cdot 31 \cdot 43$
				96	$2^2 \cdot 13 \cdot 73$				

4000		4100		4200		4300		4400	
0	$2^5 \cdot 5^3$	0	$2^2 \cdot 5^2 \cdot 41$	0	$2^3 \cdot 3 \cdot 5^2 \cdot 7$	0	$2^2 \cdot 5^2 \cdot 43$	0	$2^4 \cdot 5^2 \cdot 11$
2	$2 \cdot 3 \cdot 23 \cdot 29$	4	$2^3 \cdot 3^3 \cdot 19$	5	$5 \cdot 29^2$	1	$11 \cdot 17 \cdot 23$	2	$2 \cdot 31 \cdot 71$
4	$2^2 \cdot 7 \cdot 11 \cdot 13$	7	$3 \cdot 37^2$	9	$3 \cdot 23 \cdot 61$	5	$3 \cdot 5 \cdot 7 \cdot 41$	3	$7 \cdot 17 \cdot 37$
5	$3^2 \cdot 5 \cdot 89$	8	$2^2 \cdot 13 \cdot 79$	12	$2^2 \cdot 3^4 \cdot 13$	7	$59 \cdot 73$	7	$3 \cdot 13 \cdot 113$
12	$2^3 \cdot 17 \cdot 59$	14	$2 \cdot 11^2 \cdot 17$	14	$2 \cdot 7^2 \cdot 43$	12	$2^3 \cdot 7^2 \cdot 11$	8	$2^3 \cdot 19 \cdot 29$
15	$5 \cdot 11 \cdot 73$	16	$2^2 \cdot 3 \cdot 7^3$	16	$2^3 \cdot 17 \cdot 31$	16	$2^2 \cdot 13 \cdot 83$	10	$2 \cdot 3^2 \cdot 5 \cdot 7^2$
17	$3 \cdot 13 \cdot 103$	18	$2 \cdot 29 \cdot 71$	18	$2 \cdot 3 \cdot 19 \cdot 37$	18	$2 \cdot 17 \cdot 127$	16	$2^6 \cdot 3 \cdot 23$
18	$2 \cdot 7^2 \cdot 41$	20	$2^3 \cdot 5 \cdot 103$	21	$3^2 \cdot 7 \cdot 67$	20	$2^5 \cdot 3^3 \cdot 5$	18	$2 \cdot 47^2$
20	$2^2 \cdot 3 \cdot 5 \cdot 67$	23	$7 \cdot 19 \cdot 31$	23	$41 \cdot 103$	24	$2^2 \cdot 23 \cdot 47$	20	$2^2 \cdot 5 \cdot 13 \cdot 17$
25	$5^2 \cdot 7 \cdot 23$	25	$3 \cdot 5^3 \cdot 11$	24	$2^7 \cdot 3 \cdot 11$	26	$2 \cdot 3 \cdot 7 \cdot 103$	22	$2 \cdot 3 \cdot 11 \cdot 67$
26	$2 \cdot 3 \cdot 11 \cdot 61$	28	$2^5 \cdot 3 \cdot 43$	25	$5^2 \cdot 13^2$	29	$3^2 \cdot 13 \cdot 37$	24	$2^3 \cdot 7 \cdot 79$
28	$2^2 \cdot 19 \cdot 53$	30	$2 \cdot 5 \cdot 7 \cdot 59$	30	$2 \cdot 3^2 \cdot 5 \cdot 47$	31	$61 \cdot 71$	25	$3 \cdot 5^2 \cdot 59$
29	$3 \cdot 17 \cdot 79$	31	$3^5 \cdot 17$	32	$2^3 \cdot 23^2$	32	$2^2 \cdot 3 \cdot 19^2$	28	$2^2 \cdot 3^3 \cdot 41$
30	$2 \cdot 5 \cdot 13 \cdot 31$	34	$2 \cdot 3 \cdot 13 \cdot 53$	33	$3 \cdot 17 \cdot 83$	35	$3 \cdot 5 \cdot 17^2$	29	$43 \cdot 103$
32	$2^6 \cdot 3^2 \cdot 7$	36	$2^3 \cdot 11 \cdot 47$	34	$2 \cdot 29 \cdot 73$	40	$2^2 \cdot 5 \cdot 7 \cdot 31$	33	$11 \cdot 13 \cdot 31$
33	$37 \cdot 109$	40	$2^2 \cdot 3^2 \cdot 5 \cdot 23$	35	$5 \cdot 7 \cdot 11^2$	43	$43 \cdot 101$	37	$3^2 \cdot 17 \cdot 29$
40	$2^3 \cdot 5 \cdot 101$	41	$41 \cdot 101$	40	$2^4 \cdot 5 \cdot 53$	45	$5 \cdot 11 \cdot 79$	40	$2^3 \cdot 3 \cdot 5 \cdot 37$
42	$2 \cdot 43 \cdot 47$	42	$2 \cdot 19 \cdot 109$	42	$2 \cdot 3 \cdot 7 \cdot 101$	46	$2 \cdot 41 \cdot 53$	44	$2^2 \cdot 11 \cdot 101$
46	$2 \cdot 7 \cdot 17^2$	44	$2^4 \cdot 7 \cdot 37$	48	$2^3 \cdot 3^2 \cdot 59$	47	$3^3 \cdot 7 \cdot 23$	45	$5 \cdot 7 \cdot 127$
47	$3 \cdot 19 \cdot 71$	47	$11 \cdot 13 \cdot 29$	50	$2 \cdot 5^3 \cdot 17$	50	$2 \cdot 3 \cdot 5^2 \cdot 29$	46	$2 \cdot 3^2 \cdot 13 \cdot 19$
48	$2^4 \cdot 11 \cdot 23$	48	$2^2 \cdot 17 \cdot 61$	51	$3 \cdot 13 \cdot 109$	52	$2^8 \cdot 17$	50	$2 \cdot 5^2 \cdot 89$
50	$2 \cdot 3^4 \cdot 5^2$	50	$2 \cdot 5^2 \cdot 83$	55	$5 \cdot 23 \cdot 37$	55	$5 \cdot 13 \cdot 67$	52	$2^2 \cdot 3 \cdot 7 \cdot 53$
56	$2^3 \cdot 3 \cdot 13^2$	54	$2 \cdot 31 \cdot 67$	56	$2^5 \cdot 7 \cdot 19$	56	$2^2 \cdot 3^2 \cdot 11^2$	53	$61 \cdot 73$
59	$3^2 \cdot 11 \cdot 41$	58	$2 \cdot 3^3 \cdot 7 \cdot 11$	57	$3^2 \cdot 11 \cdot 43$	60	$2^3 \cdot 5 \cdot 109$	55	$3^4 \cdot 5 \cdot 11$
60	$2^2 \cdot 5 \cdot 7 \cdot 29$	60	$2^6 \cdot 5 \cdot 13$	60	$2^2 \cdot 3 \cdot 5 \cdot 71$	61	$7^2 \cdot 89$	59	$7^3 \cdot 13$
64	$2^5 \cdot 127$	61	$3 \cdot 19 \cdot 73$	63	$3 \cdot 7^2 \cdot 29$	65	$3^2 \cdot 5 \cdot 97$	62	$2 \cdot 23 \cdot 97$
66	$2 \cdot 19 \cdot 107$	65	$5 \cdot 7^2 \cdot 17$	64	$2^3 \cdot 13 \cdot 41$	66	$2 \cdot 37 \cdot 59$	64	$2^4 \cdot 3^2 \cdot 31$
67	$7^2 \cdot 83$	71	$43 \cdot 97$	66	$2 \cdot 3^3 \cdot 79$	68	$2^4 \cdot 3 \cdot 7 \cdot 13$	65	$5 \cdot 19 \cdot 47$
68	$2^2 \cdot 3^2 \cdot 113$	73	$3 \cdot 13 \cdot 107$	68	$2^2 \cdot 11 \cdot 97$	70	$2 \cdot 5 \cdot 19 \cdot 23$	66	$2 \cdot 7 \cdot 11 \cdot 29$
70	$2 \cdot 5 \cdot 11 \cdot 37$	76	$2^4 \cdot 3^2 \cdot 29$	70	$2 \cdot 5 \cdot 7 \cdot 61$	71	$3 \cdot 31 \cdot 47$	69	$41 \cdot 109$
71	$3 \cdot 23 \cdot 59$	80	$2^2 \cdot 5 \cdot 11 \cdot 19$	72	$2^4 \cdot 3 \cdot 89$	74	$2 \cdot 3^7$	72	$2^3 \cdot 13 \cdot 43$
74	$2 \cdot 3 \cdot 7 \cdot 97$	81	$37 \cdot 113$	75	$3^2 \cdot 5^2 \cdot 19$	75	$5^4 \cdot 7$	73	$3^2 \cdot 7 \cdot 71$
80	$2^4 \cdot 3 \cdot 5 \cdot 17$	82	$2 \cdot 3 \cdot 17 \cdot 41$	77	$7 \cdot 13 \cdot 47$	80	$2^2 \cdot 3 \cdot 5 \cdot 73$	77	$11^2 \cdot 37$
81	$7 \cdot 11 \cdot 53$	83	$47 \cdot 89$	78	$2 \cdot 3 \cdot 23 \cdot 31$	86	$2 \cdot 3 \cdot 17 \cdot 43$	80	$2^7 \cdot 5 \cdot 7$
85	$5 \cdot 19 \cdot 43$	85	$3^3 \cdot 5 \cdot 31$	80	$2^3 \cdot 5 \cdot 107$	87	$41 \cdot 107$	82	$2 \cdot 3^3 \cdot 83$
87	$61 \cdot 67$	86	$2 \cdot 7 \cdot 13 \cdot 23$	84	$2^2 \cdot 3^2 \cdot 7 \cdot 17$	89	$3 \cdot 7 \cdot 11 \cdot 19$	84	$2^2 \cdot 19 \cdot 59$
88	$2^3 \cdot 7 \cdot 73$	87	$53 \cdot 79$	88	$2^6 \cdot 67$	92	$2^3 \cdot 3^2 \cdot 61$	85	$3 \cdot 5 \cdot 13 \cdot 23$
89	$3 \cdot 29 \cdot 47$	89	$59 \cdot 71$	90	$2 \cdot 3 \cdot 5 \cdot 11 \cdot 13$	94	$2 \cdot 13^3$	88	$2^3 \cdot 3 \cdot 11 \cdot 17$
92	$2^2 \cdot 3 \cdot 11 \cdot 31$	91	$3 \cdot 11 \cdot 127$	92	$2^2 \cdot 29 \cdot 37$	99	$53 \cdot 83$	89	67^2
94	$2 \cdot 23 \cdot 89$	99	$13 \cdot 17 \cdot 19$	93	$3^4 \cdot 53$			94	$2 \cdot 3 \cdot 7 \cdot 107$
95	$3^2 \cdot 5 \cdot 7 \cdot 13$			94	$2 \cdot 19 \cdot 113$			95	$5 \cdot 29 \cdot 31$
96	2^{12}								

4500		4600		4700		4800		4900	
0	$2^2 \cdot 3^2 \cdot 5^3$	0	$2^3 \cdot 5^2 \cdot 23$	0	$2^2 \cdot 5^2 \cdot 47$	0	$2^6 \cdot 3 \cdot 5^2$	0	$2^2 \cdot 5^2 \cdot 7^2$
3	$3 \cdot 19 \cdot 79$	1	$43 \cdot 107$	4	$2^5 \cdot 3 \cdot 7^2$	2	$2 \cdot 7^4$	1	$13^2 \cdot 29$
5	$5 \cdot 17 \cdot 53$	2	$2 \cdot 3 \cdot 13 \cdot 59$	8	$2^2 \cdot 11 \cdot 107$	5	$5 \cdot 31^2$	2	$2 \cdot 3 \cdot 19 \cdot 43$
8	$2^2 \cdot 7^2 \cdot 23$	6	$2 \cdot 7^2 \cdot 47$	12	$2^3 \cdot 19 \cdot 31$	6	$2 \cdot 3^3 \cdot 89$	5	$3^2 \cdot 5 \cdot 109$
10	$2 \cdot 5 \cdot 11 \cdot 41$	8	$2^9 \cdot 3^2$	15	$5 \cdot 23 \cdot 41$	7	$11 \cdot 19 \cdot 23$	13	17^3
12	$2^5 \cdot 3 \cdot 47$	11	$3 \cdot 29 \cdot 53$	17	$53 \cdot 89$	10	$2 \cdot 5 \cdot 13 \cdot 37$	14	$2 \cdot 3^3 \cdot 7 \cdot 13$
14	$2 \cdot 37 \cdot 61$	15	$5 \cdot 13 \cdot 71$	19	$3 \cdot 11^2 \cdot 13$	14	$2 \cdot 29 \cdot 83$	20	$2^3 \cdot 3 \cdot 5 \cdot 41$
15	$3 \cdot 5 \cdot 7 \cdot 43$	17	$3^5 \cdot 19$	20	$2^4 \cdot 5 \cdot 59$	15	$3^2 \cdot 5 \cdot 107$	21	$7 \cdot 19 \cdot 37$
20	$2^3 \cdot 5 \cdot 113$	20	$2^2 \cdot 3 \cdot 5 \cdot 7 \cdot 11$	25	$3^3 \cdot 5^2 \cdot 7$	16	$2^4 \cdot 7 \cdot 43$	22	$2 \cdot 23 \cdot 107$
22	$2 \cdot 7 \cdot 17 \cdot 19$	23	$3 \cdot 23 \cdot 67$	30	$2 \cdot 5 \cdot 11 \cdot 43$	18	$2 \cdot 3 \cdot 11 \cdot 73$	28	$2^6 \cdot 7 \cdot 11$
24	$2^2 \cdot 3 \cdot 13 \cdot 29$	24	$2^4 \cdot 17^2$	31	$3 \cdot 19 \cdot 83$	19	$61 \cdot 79$	29	$3 \cdot 31 \cdot 53$
26	$2 \cdot 31 \cdot 73$	25	$5^3 \cdot 37$	32	$2^2 \cdot 7 \cdot 13^2$	23	$7 \cdot 13 \cdot 53$	30	$2 \cdot 5 \cdot 17 \cdot 29$
32	$2^2 \cdot 11 \cdot 103$	28	$2^2 \cdot 13 \cdot 89$	36	$2^7 \cdot 37$	24	$2^3 \cdot 3^2 \cdot 67$	35	$3 \cdot 5 \cdot 7 \cdot 47$
36	$2^3 \cdot 3^4 \cdot 7$	33	$41 \cdot 113$	38	$2 \cdot 23 \cdot 103$	26	$2 \cdot 19 \cdot 127$	40	$2^2 \cdot 5 \cdot 13 \cdot 19$
39	$3 \cdot 17 \cdot 89$	35	$3^2 \cdot 5 \cdot 103$	40	$2^2 \cdot 3 \cdot 5 \cdot 79$	28	$2^2 \cdot 17 \cdot 71$	41	$3^4 \cdot 61$
43	$7 \cdot 11 \cdot 59$	36	$2^2 \cdot 19 \cdot 61$	43	$3^2 \cdot 17 \cdot 31$	30	$2 \cdot 3 \cdot 5 \cdot 7 \cdot 23$	44	$2^4 \cdot 3 \cdot 103$
44	$2^6 \cdot 71$	40	$2^5 \cdot 5 \cdot 29$	45	$5 \cdot 13 \cdot 73$	36	$2^2 \cdot 3 \cdot 13 \cdot 31$	45	$5 \cdot 23 \cdot 43$
45	$3^2 \cdot 5 \cdot 101$	41	$3 \cdot 7 \cdot 13 \cdot 17$	46	$2 \cdot 3 \cdot 7 \cdot 113$	38	$2 \cdot 41 \cdot 59$	47	$3 \cdot 17 \cdot 97$
50	$2 \cdot 5^2 \cdot 7 \cdot 13$	44	$2^2 \cdot 3^3 \cdot 43$	47	$47 \cdot 101$	40	$2^3 \cdot 5 \cdot 11^2$	49	$7^2 \cdot 101$
51	$3 \cdot 37 \cdot 41$	46	$2 \cdot 23 \cdot 101$	50	$2 \cdot 5^3 \cdot 19$	41	$47 \cdot 103$	50	$2 \cdot 3^2 \cdot 5^2 \cdot 11$
54	$2 \cdot 3^2 \cdot 11 \cdot 23$	48	$2^3 \cdot 7 \cdot 83$	52	$2^4 \cdot 3^3 \cdot 11$	45	$3 \cdot 5 \cdot 17 \cdot 19$	53	$3 \cdot 13 \cdot 127$
56	$2^2 \cdot 17 \cdot 67$	50	$2 \cdot 3 \cdot 5^2 \cdot 31$	53	$7^2 \cdot 97$	48	$2^4 \cdot 3 \cdot 101$	56	$2^2 \cdot 3 \cdot 7 \cdot 59$
57	$3 \cdot 7^2 \cdot 31$	53	$3^2 \cdot 11 \cdot 47$	56	$2^2 \cdot 29 \cdot 41$	50	$2 \cdot 5^2 \cdot 97$	58	$2 \cdot 37 \cdot 67$
58	$2 \cdot 43 \cdot 53$	55	$5 \cdot 7^2 \cdot 19$	57	$67 \cdot 71$	51	$3^2 \cdot 7^2 \cdot 11$	59	$3^2 \cdot 19 \cdot 29$
59	$47 \cdot 97$	56	$2^4 \cdot 3 \cdot 97$	58	$2 \cdot 3 \cdot 13 \cdot 61$	59	$43 \cdot 113$	60	$2^5 \cdot 5 \cdot 31$
60	$2^4 \cdot 3 \cdot 5 \cdot 19$	61	$59 \cdot 79$	60	$2^3 \cdot 5 \cdot 7 \cdot 17$	60	$2^2 \cdot 3^5 \cdot 5$	61	$11^2 \cdot 41$
63	$3^3 \cdot 13^2$	62	$2 \cdot 3^2 \cdot 7 \cdot 37$	61	$3^2 \cdot 23^2$	62	$2 \cdot 11 \cdot 13 \cdot 17$	64	$2^2 \cdot 17 \cdot 73$
65	$5 \cdot 11 \cdot 83$	64	$2^3 \cdot 11 \cdot 53$	70	$2 \cdot 3^2 \cdot 5 \cdot 53$	64	$2^8 \cdot 19$	68	$2^3 \cdot 3^3 \cdot 23$
72	$2^2 \cdot 3^2 \cdot 127$	69	$7 \cdot 23 \cdot 29$	73	$3 \cdot 37 \cdot 43$	72	$2^3 \cdot 3 \cdot 7 \cdot 29$	70	$2 \cdot 5 \cdot 7 \cdot 71$
75	$3 \cdot 5^2 \cdot 61$	72	$2^6 \cdot 73$	74	$2 \cdot 7 \cdot 11 \cdot 31$	75	$3 \cdot 5^3 \cdot 13$	72	$2^2 \cdot 11 \cdot 113$
76	$2^5 \cdot 11 \cdot 13$	74	$2 \cdot 3 \cdot 19 \cdot 41$	79	$3^4 \cdot 59$	76	$2^2 \cdot 23 \cdot 53$	77	$3^2 \cdot 7 \cdot 79$
78	$2 \cdot 3 \cdot 7 \cdot 109$	75	$5^2 \cdot 11 \cdot 17$	84	$2^4 \cdot 13 \cdot 23$	79	$7 \cdot 17 \cdot 41$	80	$2^2 \cdot 3 \cdot 5 \cdot 83$
82	$2 \cdot 29 \cdot 79$	80	$2^3 \cdot 3^2 \cdot 5 \cdot 13$	85	$3 \cdot 5 \cdot 11 \cdot 29$	80	$2^4 \cdot 5 \cdot 61$	82	$2 \cdot 47 \cdot 53$
88	$2^2 \cdot 31 \cdot 37$	86	$2 \cdot 3 \cdot 11 \cdot 71$	88	$2^2 \cdot 3^2 \cdot 7 \cdot 19$	84	$2^2 \cdot 3 \cdot 11 \cdot 37$	84	$2^3 \cdot 7 \cdot 89$
90	$2 \cdot 3^3 \cdot 5 \cdot 17$	87	$43 \cdot 109$	94	$2 \cdot 3 \cdot 17 \cdot 47$	88	$2^3 \cdot 13 \cdot 47$	88	$2^2 \cdot 29 \cdot 43$
92	$2^4 \cdot 7 \cdot 41$	90	$2 \cdot 5 \cdot 7 \cdot 67$	96	$2^2 \cdot 11 \cdot 109$	91	$67 \cdot 73$	91	$7 \cdot 23 \cdot 31$
98	$2 \cdot 11^2 \cdot 19$	92	$2^2 \cdot 3 \cdot 17 \cdot 23$	97	$3^2 \cdot 13 \cdot 41$	95	$5 \cdot 11 \cdot 89$	92	$2^7 \cdot 3 \cdot 13$
99	$3^2 \cdot 7 \cdot 73$	93	$13 \cdot 19^2$			96	$2^5 \cdot 3^2 \cdot 17$	95	$3^3 \cdot 5 \cdot 37$
		97	$7 \cdot 11 \cdot 61$			97	$59 \cdot 83$	98	$2 \cdot 3 \cdot 7^2 \cdot 17$
		98	$2 \cdot 3^4 \cdot 29$			98	$2 \cdot 31 \cdot 79$		
		99	$37 \cdot 127$			99	$3 \cdot 23 \cdot 71$		

5000

0	$2^3 \cdot 5^4$
2	$2 \cdot 41 \cdot 61$
5	$5 \cdot 7 \cdot 11 \cdot 13$
14	$2 \cdot 23 \cdot 109$
15	$5 \cdot 17 \cdot 59$
16	$2^3 \cdot 3 \cdot 11 \cdot 19$
22	$2 \cdot 3^4 \cdot 31$
25	$3 \cdot 5^2 \cdot 67$
29	$47 \cdot 107$
31	$3^2 \cdot 13 \cdot 43$
32	$2^3 \cdot 17 \cdot 37$
35	$5 \cdot 19 \cdot 53$
37	$3 \cdot 23 \cdot 73$
40	$2^4 \cdot 3^2 \cdot 5 \cdot 7$
41	71^2
43	$3 \cdot 41^2$
44	$2^2 \cdot 13 \cdot 97$
46	$2 \cdot 3 \cdot 29^2$
47	$7^2 \cdot 103$
49	$3^3 \cdot 11 \cdot 17$
50	$2 \cdot 5^2 \cdot 101$
54	$2 \cdot 7 \cdot 19^2$
56	$2^6 \cdot 79$
60	$2^2 \cdot 5 \cdot 11 \cdot 23$
63	$61 \cdot 83$
70	$2 \cdot 3 \cdot 5 \cdot 13^2$
73	$3 \cdot 19 \cdot 89$
74	$2 \cdot 43 \cdot 59$
75	$5^2 \cdot 7 \cdot 29$
76	$2^2 \cdot 3^3 \cdot 47$
80	$2^3 \cdot 5 \cdot 127$
82	$2 \cdot 3 \cdot 7 \cdot 11^2$
83	$13 \cdot 17 \cdot 23$
84	$2^2 \cdot 31 \cdot 41$
85	$3^2 \cdot 5 \cdot 113$
88	$2^5 \cdot 3 \cdot 53$
92	$2^2 \cdot 19 \cdot 67$
96	$2^3 \cdot 7^2 \cdot 13$

5100

0	$2^2 \cdot 3 \cdot 5^2 \cdot 17$
8	$3^6 \cdot 7$
4	$2^4 \cdot 11 \cdot 29$
6	$2 \cdot 3 \cdot 23 \cdot 37$
10	$2 \cdot 5 \cdot 7 \cdot 73$
12	$2^3 \cdot 3^2 \cdot 71$
15	$3 \cdot 5 \cdot 11 \cdot 31$
17	$7 \cdot 17 \cdot 43$
20	$2^{10} \cdot 5$
23	$47 \cdot 109$
24	$2^2 \cdot 3 \cdot 7 \cdot 61$
25	$5^3 \cdot 41$
30	$2 \cdot 3^3 \cdot 5 \cdot 19$
33	$3 \cdot 29 \cdot 59$
35	$5 \cdot 13 \cdot 79$
36	$2^4 \cdot 3 \cdot 107$
41	$53 \cdot 97$
45	$3 \cdot 5 \cdot 7^3$
46	$2 \cdot 31 \cdot 83$
48	$2^2 \cdot 3^2 \cdot 11 \cdot 13$
50	$2 \cdot 5^2 \cdot 103$
51	$3 \cdot 17 \cdot 101$
52	$2^5 \cdot 7 \cdot 23$
59	$7 \cdot 11 \cdot 67$
60	$2^3 \cdot 3 \cdot 5 \cdot 43$
62	$2 \cdot 29 \cdot 89$
66	$2 \cdot 3^2 \cdot 7 \cdot 41$
68	$2^4 \cdot 17 \cdot 19$
70	$2 \cdot 5 \cdot 11 \cdot 47$
75	$3^2 \cdot 5^2 \cdot 23$
80	$2^2 \cdot 5 \cdot 7 \cdot 37$
83	$71 \cdot 73$
84	$2^6 \cdot 3^4$
85	$5 \cdot 17 \cdot 61$
87	$3 \cdot 7 \cdot 13 \cdot 19$
92	$2^3 \cdot 11 \cdot 59$
94	$2 \cdot 7^2 \cdot 53$
98	$2 \cdot 23 \cdot 113$

5200

0	$2^4 \cdot 5^2 \cdot 13$
2	$2 \cdot 3^2 \cdot 17^2$
3	$11^2 \cdot 43$
7	$41 \cdot 127$
8	$2^3 \cdot 3 \cdot 7 \cdot 31$
14	$2 \cdot 3 \cdot 11 \cdot 79$
17	$3 \cdot 37 \cdot 47$
20	$2^2 \cdot 3^2 \cdot 5 \cdot 29$
25	$5^2 \cdot 11 \cdot 19$
26	$2 \cdot 3 \cdot 13 \cdot 67$
29	$3^2 \cdot 7 \cdot 83$
32	$2^4 \cdot 3 \cdot 109$
36	$2^2 \cdot 7 \cdot 11 \cdot 17$
38	$2 \cdot 3^3 \cdot 97$
39	$13^2 \cdot 31$
43	$7^2 \cdot 107$
44	$2^2 \cdot 3 \cdot 19 \cdot 23$
46	$2 \cdot 43 \cdot 61$
47	$3^2 \cdot 11 \cdot 53$
48	$2^7 \cdot 41$
50	$2 \cdot 3 \cdot 5^3 \cdot 7$
51	$59 \cdot 89$
52	$2^2 \cdot 13 \cdot 101$
53	$3 \cdot 17 \cdot 103$
54	$2 \cdot 37 \cdot 71$
56	$2^3 \cdot 3^2 \cdot 73$
64	$2^4 \cdot 7 \cdot 47$
65	$3^4 \cdot 5 \cdot 13$
70	$2 \cdot 5 \cdot 17 \cdot 31$
78	$2 \cdot 7 \cdot 13 \cdot 29$
80	$2^5 \cdot 3 \cdot 5 \cdot 11$
89	$3 \cdot 41 \cdot 43$
90	$2 \cdot 5 \cdot 23^2$
91	$11 \cdot 13 \cdot 37$
92	$2^2 \cdot 3^3 \cdot 7^2$
93	$67 \cdot 79$

5300

0	$2^2 \cdot 5^2 \cdot 53$
1	$3^2 \cdot 19 \cdot 31$
4	$2^3 \cdot 3 \cdot 13 \cdot 17$
7	$3 \cdot 29 \cdot 61$
10	$2 \cdot 3^2 \cdot 5 \cdot 59$
11	$47 \cdot 113$
12	$2^6 \cdot 83$
13	$3 \cdot 7 \cdot 11 \cdot 23$
20	$2^3 \cdot 5 \cdot 7 \cdot 19$
24	$2^2 \cdot 11^3$
25	$3 \cdot 5^2 \cdot 71$
28	$2^4 \cdot 3^2 \cdot 37$
29	73^2
30	$2 \cdot 5 \cdot 13 \cdot 41$
32	$2^2 \cdot 31 \cdot 43$
34	$2 \cdot 3 \cdot 7 \cdot 127$
35	$5 \cdot 11 \cdot 97$
36	$2^3 \cdot 23 \cdot 29$
40	$2^2 \cdot 3 \cdot 5 \cdot 89$
41	$7^2 \cdot 109$
46	$2 \cdot 3^5 \cdot 11$
50	$2 \cdot 5^2 \cdot 107$
53	$53 \cdot 101$
55	$3^2 \cdot 5 \cdot 7 \cdot 17$
56	$2^2 \cdot 13 \cdot 103$
58	$2 \cdot 3 \cdot 19 \cdot 47$
60	$2^4 \cdot 5 \cdot 67$
65	$5 \cdot 29 \cdot 37$
68	$2^3 \cdot 11 \cdot 61$
69	$7 \cdot 13 \cdot 59$
72	$2^2 \cdot 17 \cdot 79$
75	$5^3 \cdot 43$
76	$2^8 \cdot 3 \cdot 7$
82	$2 \cdot 3^2 \cdot 13 \cdot 23$
90	$2 \cdot 5 \cdot 7^2 \cdot 11$
94	$2 \cdot 3 \cdot 29 \cdot 31$
95	$5 \cdot 13 \cdot 83$
96	$2^2 \cdot 19 \cdot 71$

5400

0	$2^3 \cdot 3^3 \cdot 5^2$
2	$2 \cdot 37 \cdot 73$
5	$5 \cdot 23 \cdot 47$
6	$2 \cdot 3 \cdot 17 \cdot 53$
8	$2^5 \cdot 13^2$
12	$2^2 \cdot 3 \cdot 11 \cdot 41$
15	$3 \cdot 5 \cdot 19^2$
18	$2 \cdot 3^2 \cdot 7 \cdot 43$
23	$11 \cdot 17 \cdot 29$
24	$2^4 \cdot 3 \cdot 113$
25	$5^2 \cdot 7 \cdot 31$
27	$3^4 \cdot 67$
28	$2^2 \cdot 23 \cdot 59$
29	$61 \cdot 89$
32	$2^3 \cdot 7 \cdot 97$
34	$2 \cdot 11 \cdot 13 \cdot 19$
39	$3 \cdot 7^2 \cdot 37$
40	$2^6 \cdot 5 \cdot 17$
45	$3^2 \cdot 5 \cdot 11^2$
50	$2 \cdot 5^2 \cdot 109$
51	$3 \cdot 23 \cdot 79$
52	$2^2 \cdot 29 \cdot 47$
53	$7 \cdot 19 \cdot 41$
54	$2 \cdot 3^3 \cdot 101$
56	$2^4 \cdot 11 \cdot 31$
57	$3 \cdot 17 \cdot 107$
59	$53 \cdot 103$
60	$2^2 \cdot 3 \cdot 5 \cdot 7 \cdot 13$
61	$43 \cdot 127$
67	$7 \cdot 11 \cdot 71$
72	$2^5 \cdot 3^2 \cdot 19$
74	$2 \cdot 7 \cdot 17 \cdot 23$
75	$3 \cdot 5^2 \cdot 73$
76	$2^2 \cdot 37^2$
78	$2 \cdot 3 \cdot 11 \cdot 83$
81	$3^3 \cdot 7 \cdot 29$
87	$3 \cdot 31 \cdot 59$
88	$2^4 \cdot 7^3$
90	$2 \cdot 3^2 \cdot 5 \cdot 61$
91	$17^2 \cdot 19$
94	$2 \cdot 41 \cdot 67$
99	$3^2 \cdot 13 \cdot 47$

5500		5600		5700		5800		5900	
0	$2^2 \cdot 5^3 \cdot 11$	0	$2^5 \cdot 5^2 \cdot 7$	0	$2^2 \cdot 3 \cdot 5^2 \cdot 19$	0	$2^3 \cdot 5^2 \cdot 29$	0	$2^2 \cdot 5^2 \cdot 59$
4	$2^7 \cdot 43$	5	$5 \cdot 19 \cdot 59$	4	$2^3 \cdot 23 \cdot 31$	5	$3^3 \cdot 5 \cdot 43$	4	$2^4 \cdot 3^2 \cdot 41$
8	$2^2 \cdot 3^4 \cdot 17$	7	$3^2 \cdot 7 \cdot 89$	12	$2^4 \cdot 3 \cdot 7 \cdot 17$	8	$2^4 \cdot 3 \cdot 11^2$	13	$3^4 \cdot 73$
10	$2 \cdot 5 \cdot 19 \cdot 29$	9	$71 \cdot 79$	15	$3^2 \cdot 5 \cdot 127$	10	$2 \cdot 5 \cdot 7 \cdot 83$	15	$5 \cdot 7 \cdot 13^2$
12	$2^3 \cdot 13 \cdot 53$	10	$2 \cdot 3 \cdot 5 \cdot 11 \cdot 17$	19	$7 \cdot 19 \cdot 43$	14	$2 \cdot 3^2 \cdot 17 \cdot 19$	16	$2^2 \cdot 3 \cdot 17 \cdot 29$
18	$2 \cdot 31 \cdot 89$	12	$2^2 \cdot 23 \cdot 61$	20	$2^3 \cdot 5 \cdot 11 \cdot 13$	19	$11 \cdot 23^2$	17	$61 \cdot 97$
20	$2^4 \cdot 3 \cdot 5 \cdot 23$	16	$2^4 \cdot 3^3 \cdot 13$	23	$59 \cdot 97$	20	$2^2 \cdot 3 \cdot 5 \cdot 97$	20	$2^5 \cdot 5 \cdot 37$
25	$5^2 \cdot 13 \cdot 17$	18	$2 \cdot 53^2$	24	$2^2 \cdot 3^3 \cdot 53$	22	$2 \cdot 41 \cdot 71$	22	$2 \cdot 3^2 \cdot 7 \cdot 47$
29	$3 \cdot 19 \cdot 97$	21	$7 \cdot 11 \cdot 73$	27	$3 \cdot 23 \cdot 83$	24	$2^6 \cdot 7 \cdot 13$	25	$3 \cdot 5^2 \cdot 79$
30	$2 \cdot 5 \cdot 7 \cdot 79$	24	$2^3 \cdot 19 \cdot 37$	33	$3^2 \cdot 7^2 \cdot 13$	28	$2^2 \cdot 31 \cdot 47$	28	$2^3 \cdot 3 \cdot 13 \cdot 19$
35	$3^3 \cdot 5 \cdot 44$	25	$3^2 \cdot 5^4$	34	$2 \cdot 47 \cdot 61$	29	$3 \cdot 29 \cdot 67$	29	$7^2 \cdot 11^2$
37	$7^2 \cdot 113$	26	$2 \cdot 29 \cdot 97$	35	$5 \cdot 31 \cdot 37$	30	$2 \cdot 5 \cdot 11 \cdot 53$	34	$2 \cdot 3 \cdot 23 \cdot 43$
38	$2 \cdot 3 \cdot 13 \cdot 71$	28	$2^2 \cdot 3 \cdot 7 \cdot 67$	40	$2^2 \cdot 5 \cdot 7 \cdot 41$	31	$7^3 \cdot 17$	36	$2^4 \cdot 7 \cdot 53$
44	$2^3 \cdot 3^2 \cdot 7 \cdot 11$	32	$2^9 \cdot 11$	42	$2 \cdot 3^2 \cdot 11 \cdot 29$	32	$2^3 \cdot 3^6$	40	$2^2 \cdot 3^3 \cdot 5 \cdot 11$
46	$2 \cdot 47 \cdot 59$	35	$5 \cdot 7^2 \cdot 23$	46	$2 \cdot 13^2 \cdot 17$	40	$2^4 \cdot 5 \cdot 73$	45	$5 \cdot 29 \cdot 41$
47	$3 \cdot 43^2$	40	$2^3 \cdot 3 \cdot 5 \cdot 47$	50	$2 \cdot 5^3 \cdot 23$	41	$3^2 \cdot 11 \cdot 59$	50	$2 \cdot 5^2 \cdot 7 \cdot 17$
48	$2^2 \cdot 19 \cdot 73$	42	$2 \cdot 7 \cdot 13 \cdot 31$	51	$3^4 \cdot 71$	42	$2 \cdot 23 \cdot 127$	52	$2^6 \cdot 3 \cdot 31$
50	$2 \cdot 3 \cdot 5^2 \cdot 37$	43	$3^3 \cdot 11 \cdot 19$	57	$3 \cdot 19 \cdot 101$	46	$2 \cdot 37 \cdot 79$	57	$7 \cdot 23 \cdot 37$
51	$7 \cdot 13 \cdot 61$	44	$2^2 \cdot 17 \cdot 83$	60	$2^7 \cdot 3^2 \cdot 5$	48	$2^3 \cdot 17 \cdot 43$	59	$59 \cdot 101$
55	$5 \cdot 11 \cdot 101$	50	$2 \cdot 5^2 \cdot 113$	62	$2 \cdot 43 \cdot 67$	50	$2 \cdot 3^2 \cdot 5^2 \cdot 13$	63	$67 \cdot 89$
59	$3 \cdot 17 \cdot 109$	55	$3 \cdot 5 \cdot 13 \cdot 29$	63	$3 \cdot 17 \cdot 113$	52	$2^2 \cdot 7 \cdot 11 \cdot 19$	64	$2^2 \cdot 3 \cdot 7 \cdot 71$
61	$67 \cdot 83$	56	$2^3 \cdot 7 \cdot 101$	66	$2 \cdot 3 \cdot 31^2$	56	$2^5 \cdot 3 \cdot 61$	67	$3^3 \cdot 13 \cdot 17$
62	$2 \cdot 3^3 \cdot 103$	58	$2 \cdot 3 \cdot 23 \cdot 41$	67	$73 \cdot 79$	58	$2 \cdot 29 \cdot 101$	69	$47 \cdot 127$
64	$2^2 \cdot 13 \cdot 107$	61	$3^2 \cdot 17 \cdot 37$	68	$2^3 \cdot 7 \cdot 103$	59	$3^3 \cdot 7 \cdot 31$	74	$2 \cdot 29 \cdot 103$
65	$3 \cdot 5 \cdot 7 \cdot 53$	64	$2^5 \cdot 3 \cdot 59$	72	$2^2 \cdot 3 \cdot 13 \cdot 37$	63	$11 \cdot 13 \cdot 41$	76	$2^3 \cdot 3^2 \cdot 83$
66	$2 \cdot 11^2 \cdot 23$	65	$5 \cdot 11 \cdot 103$	75	$3 \cdot 5^2 \cdot 7 \cdot 11$	71	$3 \cdot 19 \cdot 103$	78	$2 \cdot 7^2 \cdot 61$
68	$2^6 \cdot 3 \cdot 29$	68	$2^2 \cdot 13 \cdot 109$	76	$2^4 \cdot 19^2$	74	$2 \cdot 3 \cdot 11 \cdot 89$	80	$2^2 \cdot 5 \cdot 13 \cdot 23$
76	$2^3 \cdot 17 \cdot 41$	70	$2 \cdot 3^4 \cdot 5 \cdot 7$	77	$53 \cdot 109$	75	$5^3 \cdot 47$	84	$2^5 \cdot 11 \cdot 17$
77	$3 \cdot 11 \cdot 13^2$	71	$53 \cdot 107$	78	$2 \cdot 3^3 \cdot 107$	76	$2^2 \cdot 13 \cdot 113$	85	$3^2 \cdot 5 \cdot 7 \cdot 19$
80	$2^2 \cdot 3^2 \cdot 5 \cdot 31$	73	$3 \cdot 31 \cdot 61$	80	$2^2 \cdot 5 \cdot 17^2$	80	$2^3 \cdot 3 \cdot 5 \cdot 7^2$	86	$2 \cdot 41 \cdot 73$
86	$2 \cdot 3 \cdot 7^2 \cdot 19$	80	$2^4 \cdot 5 \cdot 71$	81	$3 \cdot 41 \cdot 47$	83	$3 \cdot 37 \cdot 53$	89	$53 \cdot 113$
88	$2^2 \cdot 11 \cdot 127$	81	$13 \cdot 19 \cdot 23$	82	$2 \cdot 7^2 \cdot 59$	85	$5 \cdot 11 \cdot 107$	92	$2^3 \cdot 7 \cdot 107$
89	$3^5 \cdot 23$	84	$2^2 \cdot 7^2 \cdot 29$	85	$5 \cdot 13 \cdot 89$	86	$2 \cdot 3^3 \cdot 109$	94	$2 \cdot 3^4 \cdot 37$
90	$2 \cdot 5 \cdot 13 \cdot 43$	87	$11^2 \cdot 47$	95	$5 \cdot 19 \cdot 61$	87	$7 \cdot 29^2$	95	$5 \cdot 11 \cdot 109$
93	$7 \cdot 17 \cdot 47$	88	$2^3 \cdot 3^2 \cdot 79$	96	$2^2 \cdot 3^2 \cdot 7 \cdot 23$	88	$2^8 \cdot 23$		
		94	$2 \cdot 3 \cdot 13 \cdot 73$	97	$11 \cdot 17 \cdot 31$	90	$2 \cdot 5 \cdot 19 \cdot 31$		
		95	$5 \cdot 17 \cdot 67$			93	$71 \cdot 83$		
		96	$2^6 \cdot 89$			96	$2^3 \cdot 11 \cdot 67$		
		98	$2 \cdot 7 \cdot 11 \cdot 37$						

6000		6100		6200		6300		6400	
0	$2^4 \cdot 3 \cdot 5^3$	0	$2^2 \cdot 5^2 \cdot 61$	0	$2^3 \cdot 5^2 \cdot 31$	0	$2^2 \cdot 3^2 \cdot 5^2 \cdot 7$	0	$2^8 \cdot 5^2$
3	$3^2 \cdot 23 \cdot 29$	2	$2 \cdot 3^3 \cdot 113$	1	$3^2 \cdot 13 \cdot 53$	5	$5 \cdot 13 \cdot 97$	2	$2 \cdot 3 \cdot 11 \cdot 97$
4	$2^2 \cdot 19 \cdot 79$	4	$2^3 \cdot 7 \cdot 109$	4	$2^2 \cdot 3 \cdot 11 \cdot 47$	7	$7 \cdot 17 \cdot 53$	5	$3 \cdot 5 \cdot 7 \cdot 61$
6	$2 \cdot 3 \cdot 7 \cdot 11 \cdot 13$	5	$3 \cdot 5 \cdot 11 \cdot 37$	5	$5 \cdot 17 \cdot 73$	8	$2^2 \cdot 19 \cdot 83$	8	$2^3 \cdot 3^2 \cdot 89$
14	$2 \cdot 31 \cdot 97$	6	$2 \cdot 43 \cdot 71$	6	$2 \cdot 29 \cdot 107$	13	$59 \cdot 107$	9	$13 \cdot 17 \cdot 29$
16	$2^7 \cdot 47$	10	$2 \cdot 5 \cdot 13 \cdot 47$	8	$2^6 \cdot 97$	14	$2 \cdot 7 \cdot 11 \cdot 41$	13	$11^2 \cdot 53$
18	$2 \cdot 3 \cdot 17 \cdot 59$	11	$3^2 \cdot 7 \cdot 97$	10	$2 \cdot 3^3 \cdot 5 \cdot 23$	18	$2 \cdot 3^5 \cdot 13$	17	$3^2 \cdot 23 \cdot 31$
20	$2^2 \cdot 5 \cdot 7 \cdot 43$	18	$2 \cdot 7 \cdot 19 \cdot 23$	13	$3 \cdot 19 \cdot 109$	19	$71 \cdot 89$	20	$2^2 \cdot 3 \cdot 5 \cdot 107$
27	$3 \cdot 7^2 \cdot 41$	20	$2^3 \cdot 3^2 \cdot 5 \cdot 17$	15	$5 \cdot 11 \cdot 113$	20	$2^4 \cdot 5 \cdot 79$	22	$2 \cdot 13^2 \cdot 19$
30	$2 \cdot 3^2 \cdot 5 \cdot 67$	25	$5^3 \cdot 7^2$	16	$2^3 \cdot 3 \cdot 7 \cdot 37$	21	$3 \cdot 7^2 \cdot 43$	24	$2^3 \cdot 11 \cdot 73$
32	$2^4 \cdot 13 \cdot 29$	32	$2^2 \cdot 3 \cdot 7 \cdot 73$	22	$2 \cdot 3 \cdot 17 \cdot 61$	22	$2 \cdot 29 \cdot 109$	26	$2 \cdot 3^3 \cdot 7 \cdot 17$
35	$5 \cdot 17 \cdot 71$	36	$2^3 \cdot 13 \cdot 59$	23	$7^2 \cdot 127$	24	$2^2 \cdot 3 \cdot 17 \cdot 31$	31	$59 \cdot 109$
39	$3^2 \cdot 11 \cdot 61$	37	$17 \cdot 19^2$	25	$3 \cdot 5^2 \cdot 83$	25	$5^2 \cdot 11 \cdot 23$	32	$2^5 \cdot 3 \cdot 67$
42	$2 \cdot 3 \cdot 19 \cdot 53$	38	$2 \cdot 3^2 \cdot 11 \cdot 31$	30	$2 \cdot 5 \cdot 7 \cdot 89$	27	$3^2 \cdot 19 \cdot 37$	35	$3^2 \cdot 5 \cdot 11 \cdot 13$
45	$3 \cdot 5 \cdot 13 \cdot 31$	41	$3 \cdot 23 \cdot 89$	31	$3 \cdot 31 \cdot 67$	28	$2^3 \cdot 7 \cdot 113$	38	$2 \cdot 3 \cdot 29 \cdot 37$
48	$2^5 \cdot 3^3 \cdot 7$	42	$2 \cdot 37 \cdot 83$	32	$2^3 \cdot 19 \cdot 41$	36	$2^6 \cdot 3^2 \cdot 11$	40	$2^3 \cdot 5 \cdot 7 \cdot 23$
50	$2 \cdot 5^2 \cdot 11^2$	44	$2^{11} \cdot 3$	35	$5 \cdot 29 \cdot 43$	44	$2^3 \cdot 13 \cdot 61$	41	$3 \cdot 19 \cdot 113$
52	$2^2 \cdot 17 \cdot 89$	48	$2^2 \cdot 29 \cdot 53$	37	$3^4 \cdot 7 \cdot 11$	45	$3^3 \cdot 5 \cdot 47$	48	$2^4 \cdot 13 \cdot 31$
59	$73 \cdot 83$	49	$11 \cdot 13 \cdot 43$	40	$2^5 \cdot 3 \cdot 5 \cdot 13$	48	$2^2 \cdot 3 \cdot 23^2$	50	$2 \cdot 3 \cdot 5^2 \cdot 43$
60	$2^2 \cdot 3 \cdot 5 \cdot 101$	50	$2 \cdot 3 \cdot 5^2 \cdot 41$	41	79^2	50	$2 \cdot 5^2 \cdot 127$	60	$2^2 \cdot 5 \cdot 17 \cdot 19$
61	$11 \cdot 19 \cdot 29$	56	$2^2 \cdot 3^4 \cdot 19$	48	$2^3 \cdot 11 \cdot 71$	51	$3 \cdot 29 \cdot 73$	61	$7 \cdot 13 \cdot 71$
63	$3 \cdot 43 \cdot 47$	60	$2^4 \cdot 5 \cdot 7 \cdot 11$	50	$2 \cdot 5^5$	55	$5 \cdot 31 \cdot 41$	64	$2^6 \cdot 101$
68	$2^2 \cdot 37 \cdot 41$	61	$61 \cdot 101$	51	$7 \cdot 19 \cdot 47$	58	$2 \cdot 11 \cdot 17^2$	66	$2 \cdot 53 \cdot 61$
69	$3 \cdot 7 \cdot 17^2$	62	$2 \cdot 3 \cdot 13 \cdot 79$	53	$13^2 \cdot 37$	60	$2^3 \cdot 3 \cdot 5 \cdot 53$	68	$2^2 \cdot 3 \cdot 7^2 \cdot 11$
72	$2^3 \cdot 3 \cdot 11 \cdot 23$	64	$2^2 \cdot 23 \cdot 67$	54	$2 \cdot 53 \cdot 59$	63	$3^2 \cdot 7 \cdot 101$	74	$2 \cdot 3 \cdot 13 \cdot 83$
75	$3^5 \cdot 5^2$	71	$3 \cdot 11^2 \cdot 17$	56	$2^4 \cdot 17 \cdot 23$	64	$2^2 \cdot 37 \cdot 43$	75	$5^2 \cdot 7 \cdot 37$
76	$2^2 \cdot 7 \cdot 31$	74	$2 \cdot 3^2 \cdot 7^3$	62	$2 \cdot 31 \cdot 101$	65	$5 \cdot 19 \cdot 67$	77	$3 \cdot 17 \cdot 127$
77	$59 \cdot 103$	75	$5^2 \cdot 13 \cdot 19$	64	$2^3 \cdot 3^3 \cdot 29$	70	$2 \cdot 5 \cdot 7^2 \cdot 13$	78	$2 \cdot 41 \cdot 79$
80	$2^6 \cdot 5 \cdot 19$	77	$3 \cdot 29 \cdot 71$	70	$2 \cdot 3 \cdot 5 \cdot 11 \cdot 19$	72	$2^2 \cdot 3^3 \cdot 59$	79	$11 \cdot 19 \cdot 31$
83	$7 \cdot 11 \cdot 79$	80	$2^2 \cdot 3 \cdot 5 \cdot 103$	72	$2^7 \cdot 7^2$	75	$3 \cdot 5^3 \cdot 17$	80	$2^4 \cdot 3^4 \cdot 5$
84	$2^2 \cdot 3^2 \cdot 13^2$	88	$2^2 \cdot 7 \cdot 13 \cdot 17$	73	$3^2 \cdot 17 \cdot 41$	80	$2^2 \cdot 5 \cdot 11 \cdot 29$	86	$2 \cdot 3 \cdot 23 \cdot 47$
90	$2 \cdot 3 \cdot 5 \cdot 7 \cdot 29$	92	$2^4 \cdot 3^2 \cdot 43$	78	$2 \cdot 43 \cdot 73$	84	$2^4 \cdot 3 \cdot 7 \cdot 19$	89	$3^2 \cdot 7 \cdot 103$
95	$5 \cdot 23 \cdot 53$	95	$3 \cdot 5 \cdot 7 \cdot 59$	79	$3 \cdot 7 \cdot 13 \cdot 23$	86	$2 \cdot 31 \cdot 103$	90	$2 \cdot 5 \cdot 11 \cdot 59$
96	$2^4 \cdot 3 \cdot 127$			83	$61 \cdot 103$	90	$2 \cdot 3^2 \cdot 5 \cdot 71$	96	$2^5 \cdot 7 \cdot 29$
97	$7 \cdot 13 \cdot 67$			90	$2 \cdot 5 \cdot 17 \cdot 37$	91	$7 \cdot 11 \cdot 83$	97	$73 \cdot 89$
99	$3 \cdot 19 \cdot 107$			92	$2^2 \cdot 11^2 \cdot 13$	92	$2^3 \cdot 17 \cdot 47$	98	$2 \cdot 3^2 \cdot 19^2$
				93	$7 \cdot 29 \cdot 31$	96	$2^2 \cdot 3 \cdot 13 \cdot 41$	99	$37 \cdot 97$
				98	$2 \cdot 47 \cdot 67$	99	$3^4 \cdot 79$		

6500		6600		6700		6800		6900	
0	$2^2 \cdot 5^3 \cdot 13$	0	$2^3 \cdot 3 \cdot 5^2 \cdot 11$	0	$2^2 \cdot 5^2 \cdot 67$	0	$2^4 \cdot 5^2 \cdot 17$	0	$2^2 \cdot 3 \cdot 5^2 \cdot 23$
10	$2 \cdot 3 \cdot 5 \cdot 7 \cdot 31$	1	$7 \cdot 23 \cdot 41$	8	$2^2 \cdot 3 \cdot 13 \cdot 43$	4	$2^2 \cdot 3^5 \cdot 7$	1	$67 \cdot 103$
12	$2^4 \cdot 11 \cdot 37$	3	$3 \cdot 31 \cdot 71$	10	$2 \cdot 5 \cdot 11 \cdot 61$	6	$2 \cdot 41 \cdot 83$	2	$2 \cdot 7 \cdot 17 \cdot 29$
17	$7^3 \cdot 19$	4	$2^2 \cdot 13 \cdot 127$	15	$5 \cdot 17 \cdot 79$	8	$2^3 \cdot 23 \cdot 37$	3	$3^2 \cdot 13 \cdot 59$
19	$3 \cdot 41 \cdot 53$	8	$2^4 \cdot 7 \cdot 59$	16	$2^2 \cdot 23 \cdot 73$	15	$5 \cdot 29 \cdot 47$	9	$3 \cdot 7^2 \cdot 47$
25	$3^2 \cdot 5^2 \cdot 29$	12	$2^2 \cdot 3 \cdot 19 \cdot 29$	20	$2^6 \cdot 3 \cdot 5 \cdot 7$	16	$2^5 \cdot 3 \cdot 71$	12	$2^8 \cdot 3^3$
27	$61 \cdot 107$	15	$3^3 \cdot 5 \cdot 7^2$	21	$11 \cdot 13 \cdot 47$	20	$2^2 \cdot 5 \cdot 11 \cdot 31$	16	$2^2 \cdot 7 \cdot 13 \cdot 19$
28	$2^7 \cdot 3 \cdot 17$	22	$2 \cdot 7 \cdot 11 \cdot 43$	23	$3^4 \cdot 83$	25	$3 \cdot 5^2 \cdot 7 \cdot 13$	19	$11 \cdot 17 \cdot 37$
32	$2^2 \cdot 23 \cdot 71$	24	$2^5 \cdot 3^2 \cdot 23$	24	$2^2 \cdot 41^2$	31	$3^3 \cdot 11 \cdot 23$	23	$7 \cdot 23 \cdot 43$
34	$2 \cdot 3^3 \cdot 11^2$	25	$5^3 \cdot 53$	26	$2 \cdot 3 \cdot 19 \cdot 59$	32	$2^4 \cdot 7 \cdot 61$	29	$13^2 \cdot 41$
36	$2^3 \cdot 19 \cdot 43$	27	$3 \cdot 47^2$	27	$7 \cdot 31^2$	34	$2 \cdot 3 \cdot 17 \cdot 67$	30	$2 \cdot 3^2 \cdot 5 \cdot 7 \cdot 11$
40	$2^2 \cdot 3 \cdot 5 \cdot 109$	30	$2 \cdot 3 \cdot 5 \cdot 13 \cdot 17$	28	$2^3 \cdot 29^2$	37	$3 \cdot 43 \cdot 53$	35	$5 \cdot 19 \cdot 73$
45	$5 \cdot 7 \cdot 11 \cdot 17$	33	$3^2 \cdot 11 \cdot 67$	31	$53 \cdot 127$	40	$2^3 \cdot 3^2 \cdot 5 \cdot 19$	36	$2^3 \cdot 3 \cdot 17^2$
49	$3 \cdot 37 \cdot 59$	34	$2 \cdot 31 \cdot 107$	32	$2^2 \cdot 3^2 \cdot 11 \cdot 17$	44	$2^2 \cdot 29 \cdot 59$	42	$2 \cdot 3 \cdot 13 \cdot 89$
52	$2^3 \cdot 3^2 \cdot 7 \cdot 13$	36	$2^2 \cdot 3 \cdot 7 \cdot 79$	34	$2 \cdot 7 \cdot 13 \cdot 37$	45	$5 \cdot 37^2$	44	$2^5 \cdot 7 \cdot 31$
54	$2 \cdot 29 \cdot 113$	40	$2^4 \cdot 5 \cdot 83$	41	$3^2 \cdot 7 \cdot 107$	48	$2^6 \cdot 107$	52	$2^3 \cdot 11 \cdot 79$
55	$3 \cdot 5 \cdot 19 \cdot 23$	42	$2 \cdot 3^4 \cdot 41$	45	$5 \cdot 19 \cdot 71$	51	$13 \cdot 17 \cdot 31$	54	$2 \cdot 3 \cdot 19 \cdot 61$
57	$79 \cdot 83$	43	$7 \cdot 13 \cdot 73$	50	$2 \cdot 3^3 \cdot 5^3$	53	$7 \cdot 11 \cdot 89$	55	$5 \cdot 13 \cdot 107$
60	$2^5 \cdot 5 \cdot 41$	47	$17^2 \cdot 23$	58	$2 \cdot 31 \cdot 109$	58	$2 \cdot 3^3 \cdot 127$	56	$2^2 \cdot 37 \cdot 47$
61	3^8	49	$61 \cdot 109$	60	$2^3 \cdot 5 \cdot 13^2$	59	19^3	58	$2 \cdot 7^2 \cdot 71$
65	$5 \cdot 13 \cdot 101$	50	$2 \cdot 5^2 \cdot 7 \cdot 19$	62	$2 \cdot 3 \cdot 7^2 \cdot 23$	60	$2^2 \cdot 5 \cdot 7^3$	60	$2^4 \cdot 3 \cdot 5 \cdot 29$
66	$2 \cdot 7^2 \cdot 67$	55	$5 \cdot 11^3$	64	$2^2 \cdot 19 \cdot 89$	62	$2 \cdot 47 \cdot 73$	62	$2 \cdot 59^2$
70	$2 \cdot 3^2 \cdot 5 \cdot 73$	56	$2^9 \cdot 13$	65	$3 \cdot 5 \cdot 11 \cdot 41$	64	$2^4 \cdot 3 \cdot 11 \cdot 13$	66	$2 \cdot 3^4 \cdot 43$
72	$2^2 \cdot 31 \cdot 53$	60	$2^2 \cdot 3^2 \cdot 5 \cdot 37$	67	$67 \cdot 101$	67	$3^2 \cdot 7 \cdot 109$	68	$2^3 \cdot 13 \cdot 67$
78	$2 \cdot 11 \cdot 13 \cdot 23$	64	$2^3 \cdot 7^2 \cdot 17$	68	$2^4 \cdot 3^2 \cdot 47$	68	$2^2 \cdot 17 \cdot 101$	69	$3 \cdot 23 \cdot 101$
79	$3^2 \cdot 17 \cdot 43$	65	$5 \cdot 31 \cdot 43$	71	$3 \cdot 37 \cdot 61$	73	$3 \cdot 29 \cdot 79$	70	$2 \cdot 5 \cdot 17 \cdot 41$
80	$2^2 \cdot 5 \cdot 7 \cdot 47$	66	$2 \cdot 3 \cdot 11 \cdot 101$	76	$2^3 \cdot 7 \cdot 11^2$	75	$5^4 \cdot 11$	72	$2^2 \cdot 3 \cdot 7 \cdot 83$
86	$2 \cdot 37 \cdot 89$	67	$59 \cdot 113$	80	$2^2 \cdot 3 \cdot 5 \cdot 113$	77	$13 \cdot 23^2$	75	$3^2 \cdot 5^2 \cdot 31$
88	$2^2 \cdot 3^3 \cdot 61$	69	$3^3 \cdot 13 \cdot 19$	83	$3 \cdot 7 \cdot 17 \cdot 19$	80	$2^5 \cdot 5 \cdot 43$	76	$2^6 \cdot 109$
91	$3 \cdot 13^3$	70	$2 \cdot 5 \cdot 23 \cdot 29$	84	$2^7 \cdot 53$	82	$2 \cdot 3 \cdot 31 \cdot 37$	84	$2^3 \cdot 3^2 \cdot 97$
92	$2^6 \cdot 103$	74	$2 \cdot 47 \cdot 71$	85	$5 \cdot 23 \cdot 59$	85	$3^4 \cdot 5 \cdot 17$	85	$5 \cdot 11 \cdot 127$
96	$2^2 \cdot 17 \cdot 97$	75	$3 \cdot 5^2 \cdot 89$	86	$2 \cdot 3^2 \cdot 13 \cdot 29$	87	$71 \cdot 97$	92	$2^4 \cdot 19 \cdot 23$
		78	$2 \cdot 3^2 \cdot 7 \cdot 53$	89	$3 \cdot 31 \cdot 73$	88	$2^3 \cdot 3 \cdot 7 \cdot 41$	93	$3^3 \cdot 7 \cdot 37$
		88	$2^5 \cdot 11 \cdot 19$	90	$2 \cdot 5 \cdot 7 \cdot 97$	89	83^2	96	$2^2 \cdot 3 \cdot 11 \cdot 53$
		93	$3 \cdot 23 \cdot 97$	94	$2 \cdot 43 \cdot 79$	90	$2 \cdot 5 \cdot 13 \cdot 53$		
		95	$5 \cdot 13 \cdot 103$	98	$2 \cdot 3 \cdot 11 \cdot 103$	93	$61 \cdot 113$		
		96	$2^3 \cdot 3^3 \cdot 31$			97	$3 \cdot 11^2 \cdot 19$		
		99	$3 \cdot 7 \cdot 11 \cdot 29$						

7000		7100		7200		7300		7400	
0	$2^3 \cdot 5^3 \cdot 7$	0	$2^2 \cdot 5^2 \cdot 71$	0	$2^5 \cdot 3^2 \cdot 5^2$	0	$2^2 \cdot 5^2 \cdot 73$	0	$2^3 \cdot 5^2 \cdot 37$
4	$2^2 \cdot 17 \cdot 103$	2	$2 \cdot 53 \cdot 67$	3	$3 \cdot 7^4$	3	$67 \cdot 109$	6	$2 \cdot 7 \cdot 23^2$
6	$2 \cdot 31 \cdot 113$	4	$2^6 \cdot 3 \cdot 37$	8	$2^3 \cdot 17 \cdot 53$	4	$2^3 \cdot 11 \cdot 83$	10	$2 \cdot 3 \cdot 5 \cdot 13 \cdot 19$
7	$7^2 \cdot 11 \cdot 13$	5	$5 \cdot 7^2 \cdot 29$	9	$3^4 \cdot 89$	8	$2^2 \cdot 3^2 \cdot 7 \cdot 29$	12	$2^2 \cdot 17 \cdot 109$
8	$2^5 \cdot 3 \cdot 73$	6	$2 \cdot 11 \cdot 17 \cdot 19$	10	$2 \cdot 5 \cdot 7 \cdot 103$	10	$2 \cdot 5 \cdot 17 \cdot 43$	16	$2^3 \cdot 3^2 \cdot 103$
11	$3^2 \cdot 19 \cdot 41$	7	$3 \cdot 23 \cdot 103$	15	$3 \cdot 5 \cdot 13 \cdot 37$	13	$71 \cdot 103$	20	$2^2 \cdot 5 \cdot 7 \cdot 53$
15	$5 \cdot 23 \cdot 61$	10	$2 \cdot 3^2 \cdot 5 \cdot 79$	16	$2^4 \cdot 11 \cdot 41$	14	$2 \cdot 3 \cdot 23 \cdot 53$	24	$2^8 \cdot 29$
18	$2 \cdot 11^2 \cdot 29$	12	$2^3 \cdot 7 \cdot 127$	20	$2^2 \cdot 5 \cdot 19^2$	15	$5 \cdot 7 \cdot 11 \cdot 19$	25	$3^3 \cdot 5^2 \cdot 11$
20	$2^2 \cdot 3^3 \cdot 5 \cdot 13$	19	$3^2 \cdot 7 \cdot 113$	21	$3 \cdot 29 \cdot 83$	16	$2^2 \cdot 31 \cdot 59$	26	$2 \cdot 47 \cdot 79$
21	$7 \cdot 17 \cdot 59$	20	$2^4 \cdot 5 \cdot 89$	24	$2^3 \cdot 3 \cdot 7 \cdot 43$	20	$2^3 \cdot 3 \cdot 5 \cdot 61$	29	$17 \cdot 19 \cdot 23$
29	$3^2 \cdot 11 \cdot 71$	25	$3 \cdot 5^3 \cdot 19$	25	$5^2 \cdot 17^2$	26	$2 \cdot 3^2 \cdot 11 \cdot 37$	34	$2 \cdot 3^2 \cdot 7 \cdot 59$
30	$2 \cdot 5 \cdot 19 \cdot 37$	28	$2^3 \cdot 3^4 \cdot 11$	27	$3^2 \cdot 11 \cdot 73$	32	$2^2 \cdot 3 \cdot 13 \cdot 47$	36	$2^2 \cdot 11 \cdot 13^2$
31	$79 \cdot 89$	30	$2 \cdot 5 \cdot 23 \cdot 31$	32	$2^6 \cdot 113$	37	$11 \cdot 23 \cdot 29$	37	$3 \cdot 37 \cdot 67$
35	$3 \cdot 5 \cdot 7 \cdot 67$	34	$2 \cdot 3 \cdot 29 \cdot 41$	36	$2^2 \cdot 3^3 \cdot 67$	44	$2^4 \cdot 3^3 \cdot 17$	40	$2^4 \cdot 3 \cdot 5 \cdot 31$
38	$2 \cdot 3^2 \cdot 17 \cdot 23$	37	$3^2 \cdot 13 \cdot 61$	38	$2 \cdot 7 \cdot 11 \cdot 47$	45	$5 \cdot 13 \cdot 113$	42	$2 \cdot 61^2$
40	$2^7 \cdot 5 \cdot 11$	38	$2 \cdot 43 \cdot 83$	39	$3 \cdot 19 \cdot 127$	47	$3 \cdot 31 \cdot 79$	46	$2 \cdot 3 \cdot 17 \cdot 73$
47	$3^5 \cdot 29$	39	$11^2 \cdot 59$	42	$2 \cdot 3 \cdot 17 \cdot 71$	50	$2 \cdot 3 \cdot 5^2 \cdot 7^2$	48	$2^3 \cdot 7^2 \cdot 19$
49	$7 \cdot 19 \cdot 53$	40	$2^2 \cdot 3 \cdot 5 \cdot 7 \cdot 17$	45	$3^2 \cdot 5 \cdot 7 \cdot 23$	53	$3^2 \cdot 19 \cdot 43$	52	$2^2 \cdot 3^4 \cdot 23$
50	$2 \cdot 3 \cdot 5^2 \cdot 47$	44	$2^3 \cdot 19 \cdot 47$	50	$2 \cdot 5^3 \cdot 29$	60	$2^6 \cdot 5 \cdot 23$	55	$3 \cdot 5 \cdot 7 \cdot 71$
52	$2^2 \cdot 41 \cdot 43$	50	$2 \cdot 5^2 \cdot 11 \cdot 13$	52	$2^2 \cdot 7^2 \cdot 37$	66	$2 \cdot 29 \cdot 127$	58	$2 \cdot 3 \cdot 11 \cdot 113$
55	$5 \cdot 17 \cdot 83$	54	$2 \cdot 7^2 \cdot 73$	54	$2 \cdot 3^2 \cdot 13 \cdot 31$	70	$2 \cdot 5 \cdot 11 \cdot 67$	62	$2 \cdot 7 \cdot 13 \cdot 41$
56	$2^4 \cdot 3^2 \cdot 7^2$	55	$3^3 \cdot 5 \cdot 53$	57	$3 \cdot 41 \cdot 59$	71	$3^4 \cdot 7 \cdot 13$	69	$7 \cdot 11 \cdot 97$
62	$2 \cdot 3 \cdot 11 \cdot 107$	61	$3 \cdot 7 \cdot 11 \cdot 31$	59	$7 \cdot 17 \cdot 61$	72	$2^2 \cdot 19 \cdot 97$	70	$2 \cdot 3^2 \cdot 5 \cdot 83$
68	$2^2 \cdot 3 \cdot 19 \cdot 31$	63	$13 \cdot 19 \cdot 29$	60	$2^2 \cdot 3 \cdot 5 \cdot 11^2$	73	$73 \cdot 101$	73	$3 \cdot 47 \cdot 53$
70	$2 \cdot 5 \cdot 7 \cdot 101$	68	$2^{10} \cdot 7$	67	$13^2 \cdot 43$	75	$5^3 \cdot 59$	74	$2 \cdot 37 \cdot 101$
72	$2^5 \cdot 13 \cdot 17$	69	$67 \cdot 107$	68	$2^2 \cdot 23 \cdot 79$	78	$2 \cdot 7 \cdot 17 \cdot 31$	75	$5^2 \cdot 13 \cdot 23$
76	$2^2 \cdot 29 \cdot 61$	71	$71 \cdot 101$	72	$2^3 \cdot 3^2 \cdot 101$	80	$2^2 \cdot 3^2 \cdot 5 \cdot 41$	76	$2^2 \cdot 3 \cdot 7 \cdot 89$
80	$2^3 \cdot 3 \cdot 5 \cdot 59$	75	$5^2 \cdot 7 \cdot 41$	75	$3 \cdot 5^2 \cdot 97$	81	$11^2 \cdot 61$	80	$2^3 \cdot 5 \cdot 11 \cdot 17$
81	$73 \cdot 97$	76	$2^3 \cdot 3 \cdot 13 \cdot 23$	76	$2^2 \cdot 17 \cdot 107$	83	$3 \cdot 23 \cdot 107$	82	$2 \cdot 3 \cdot 29 \cdot 43$
84	$2^2 \cdot 7 \cdot 11 \cdot 23$	78	$2 \cdot 37 \cdot 97$	80	$2^4 \cdot 5 \cdot 7 \cdot 13$	84	$2^3 \cdot 13 \cdot 71$	88	$2^6 \cdot 3^2 \cdot 13$
85	$5 \cdot 13 \cdot 109$	82	$2 \cdot 3^3 \cdot 7 \cdot 19$	85	$5 \cdot 31 \cdot 47$	87	$83 \cdot 89$	90	$2 \cdot 5 \cdot 7 \cdot 107$
95	$3 \cdot 5 \cdot 11 \cdot 43$	89	$7 \cdot 13 \cdot 79$	90	$2 \cdot 3^6 \cdot 5$	92	$2^5 \cdot 3 \cdot 7 \cdot 11$	93	$59 \cdot 127$
98	$2 \cdot 3 \cdot 7 \cdot 13^2$	91	$3^2 \cdot 17 \cdot 47$	93	$3 \cdot 11 \cdot 13 \cdot 17$	95	$3 \cdot 5 \cdot 17 \cdot 29$	97	$3^2 \cdot 7^2 \cdot 17$
		92	$2^3 \cdot 29 \cdot 31$	96	$2^7 \cdot 3 \cdot 19$	96	$2^2 \cdot 43^2$		
		94	$2 \cdot 3 \cdot 11 \cdot 109$	98	$2 \cdot 41 \cdot 89$				
		98	$2 \cdot 59 \cdot 61$						

Faktorentafel 1 bis 10000.

7500		7600		7700		7800		7900	
0	$2^2 \cdot 3 \cdot 5^4$	0	$2^4 \cdot 5^2 \cdot 19$	0	$2^2 \cdot 5^2 \cdot 7 \cdot 11$	0	$2^3 \cdot 3 \cdot 5^2 \cdot 13$	0	$2^2 \cdot 5^2 \cdot 79$
2	$2 \cdot 11^2 \cdot 31$	5	$3^2 \cdot 5 \cdot 13^2$	4	$2^3 \cdot 3^2 \cdot 107$	2	$2 \cdot 47 \cdot 83$	4	$2^5 \cdot 13 \cdot 19$
3	$3 \cdot 41 \cdot 61$	11	$3 \cdot 43 \cdot 59$	5	$5 \cdot 23 \cdot 67$	3	$3^3 \cdot 17^2$	5	$3 \cdot 5 \cdot 17 \cdot 31$
4	$2^4 \cdot 7 \cdot 67$	14	$2 \cdot 3^4 \cdot 47$	8	$2^2 \cdot 41 \cdot 47$	8	$2^7 \cdot 61$	6	$2 \cdot 59 \cdot 67$
5	$5 \cdot 19 \cdot 79$	16	$2^6 \cdot 7 \cdot 17$	14	$2 \cdot 7 \cdot 19 \cdot 29$	10	$2 \cdot 5 \cdot 11 \cdot 71$	10	$2 \cdot 5 \cdot 7 \cdot 113$
11	$7 \cdot 29 \cdot 37$	20	$2^2 \cdot 3 \cdot 5 \cdot 127$	19	$3 \cdot 31 \cdot 83$	11	$73 \cdot 107$	12	$2^3 \cdot 23 \cdot 43$
14	$2 \cdot 13 \cdot 17^2$	22	$2 \cdot 37 \cdot 103$	22	$2 \cdot 3^3 \cdot 11 \cdot 13$	12	$2^2 \cdot 3^2 \cdot 7 \cdot 31$	17	$3 \cdot 7 \cdot 13 \cdot 29$
19	$73 \cdot 103$	23	$3^2 \cdot 7 \cdot 11^2$	25	$3 \cdot 5^2 \cdot 103$	20	$2^2 \cdot 5 \cdot 17 \cdot 23$	18	$2 \cdot 37 \cdot 107$
20	$2^5 \cdot 5 \cdot 47$	25	$5^3 \cdot 61$	28	$2^4 \cdot 3 \cdot 7 \cdot 23$	21	$3^2 \cdot 11 \cdot 79$	20	$2^4 \cdot 3^2 \cdot 5 \cdot 11$
21	$3 \cdot 23 \cdot 109$	26	$2 \cdot 3 \cdot 31 \cdot 41$	33	$11 \cdot 19 \cdot 37$	26	$2 \cdot 7 \cdot 13 \cdot 43$	21	89^2
24	$2^2 \cdot 3^2 \cdot 11 \cdot 19$	30	$2 \cdot 5 \cdot 7 \cdot 109$	35	$5 \cdot 7 \cdot 13 \cdot 17$	28	$2^2 \cdot 19 \cdot 103$	30	$2 \cdot 5 \cdot 13 \cdot 61$
25	$5^2 \cdot 7 \cdot 43$	32	$2^4 \cdot 3^2 \cdot 53$	38	$2 \cdot 53 \cdot 73$	30	$2 \cdot 3^3 \cdot 5 \cdot 29$	31	$7 \cdot 11 \cdot 103$
26	$2 \cdot 53 \cdot 71$	36	$2^2 \cdot 23 \cdot 83$	39	$71 \cdot 109$	32	$2^3 \cdot 11 \cdot 89$	35	$3 \cdot 5 \cdot 23^2$
33	$3^5 \cdot 31$	38	$2 \cdot 3 \cdot 19 \cdot 67$	40	$2^2 \cdot 3^2 \cdot 5 \cdot 43$	39	$3^2 \cdot 13 \cdot 67$	36	$2^8 \cdot 31$
40	$2^2 \cdot 5 \cdot 13 \cdot 29$	44	$2^2 \cdot 3 \cdot 7^2 \cdot 13$	42	$2 \cdot 7^2 \cdot 79$	40	$2^5 \cdot 5 \cdot 7^2$	38	$2 \cdot 3^4 \cdot 7^2$
44	$2^3 \cdot 23 \cdot 41$	50	$2 \cdot 3^2 \cdot 5^2 \cdot 17$	43	$3 \cdot 29 \cdot 89$	43	$11 \cdot 23 \cdot 31$	42	$2 \cdot 11 \cdot 19^2$
46	$2 \cdot 7^3 \cdot 11$	54	$2 \cdot 43 \cdot 89$	44	$2^6 \cdot 11^2$	44	$2^3 \cdot 37 \cdot 53$	43	$13^2 \cdot 47$
48	$2^2 \cdot 3 \cdot 17 \cdot 37$	56	$2^3 \cdot 3 \cdot 11 \cdot 29$	47	$61 \cdot 127$	47	$7 \cdot 19 \cdot 59$	50	$2 \cdot 3 \cdot 5^2 \cdot 53$
52	$2^7 \cdot 59$	57	$13 \cdot 19 \cdot 31$	49	$3^3 \cdot 7 \cdot 41$	48	$2^3 \cdot 3^2 \cdot 109$	52	$2^4 \cdot 7 \cdot 71$
53	$7 \cdot 13 \cdot 83$	59	$3^2 \cdot 23 \cdot 37$	50	$2 \cdot 5^3 \cdot 31$	54	$2 \cdot 3 \cdot 7 \cdot 11 \cdot 17$	54	$2 \cdot 41 \cdot 97$
60	$2^3 \cdot 3^3 \cdot 5 \cdot 7$	63	$79 \cdot 97$	52	$2^3 \cdot 3 \cdot 17 \cdot 19$	57	$3^4 \cdot 97$	55	$5 \cdot 37 \cdot 43$
64	$2^2 \cdot 31 \cdot 61$	65	$3 \cdot 5 \cdot 7 \cdot 73$	55	$3 \cdot 5 \cdot 11 \cdot 47$	65	$5 \cdot 11^2 \cdot 13$	56	$2^2 \cdot 3^2 \cdot 13 \cdot 17$
65	$5 \cdot 17 \cdot 89$	67	$11 \cdot 17 \cdot 41$	60	$2^4 \cdot 5 \cdot 97$	66	$2 \cdot 3^2 \cdot 19 \cdot 23$	57	$73 \cdot 109$
66	$2 \cdot 3 \cdot 13 \cdot 97$	68	$2^2 \cdot 3^3 \cdot 71$	70	$2 \cdot 3 \cdot 5 \cdot 7 \cdot 37$	69	$3 \cdot 43 \cdot 61$	65	$3^3 \cdot 5 \cdot 59$
67	$7 \cdot 23 \cdot 47$	70	$2 \cdot 5 \cdot 13 \cdot 59$	72	$2^2 \cdot 29 \cdot 67$	72	$2^6 \cdot 3 \cdot 41$	68	$2^5 \cdot 3 \cdot 83$
68	$2^4 \cdot 11 \cdot 43$	76	$2^2 \cdot 19 \cdot 101$	74	$2 \cdot 13^2 \cdot 23$	74	$2 \cdot 31 \cdot 127$	73	$7 \cdot 17 \cdot 67$
69	$3^2 \cdot 29^2$	80	$2^9 \cdot 3 \cdot 5$	76	$2^5 \cdot 3^5$	75	$3^2 \cdot 5^3 \cdot 7$	75	$5^2 \cdot 11 \cdot 29$
71	$67 \cdot 113$	84	$2^2 \cdot 17 \cdot 113$	77	$7 \cdot 11 \cdot 101$	78	$2 \cdot 3 \cdot 13 \cdot 101$	79	$79 \cdot 101$
75	$3 \cdot 5^2 \cdot 101$	85	$5 \cdot 29 \cdot 53$	88	$2^2 \cdot 3 \cdot 11 \cdot 59$	81	$3 \cdot 37 \cdot 71$	80	$2^2 \cdot 3 \cdot 5 \cdot 7 \cdot 19$
79	$11 \cdot 13 \cdot 53$	86	$2 \cdot 3^2 \cdot 7 \cdot 61$	90	$2 \cdot 5 \cdot 19 \cdot 41$	84	$2^2 \cdot 3^3 \cdot 73$	86	$2 \cdot 3 \cdot 11^3$
81	$3 \cdot 7 \cdot 19^2$	88	$2^3 \cdot 31^2$	91	$3 \cdot 7^2 \cdot 53$	85	$5 \cdot 19 \cdot 83$	90	$2 \cdot 5 \cdot 17 \cdot 47$
84	$2^5 \cdot 3 \cdot 79$	95	$3^4 \cdot 5 \cdot 19$	97	$3 \cdot 23 \cdot 113$	88	$2^4 \cdot 17 \cdot 29$	92	$2^3 \cdot 3^3 \cdot 37$
85	$5 \cdot 37 \cdot 41$	96	$2^4 \cdot 13 \cdot 37$			89	$7^3 \cdot 23$	95	$3 \cdot 5 \cdot 13 \cdot 41$
90	$2 \cdot 3 \cdot 5 \cdot 11 \cdot 23$					96	$2^3 \cdot 3 \cdot 7 \cdot 47$	98	$2 \cdot 3 \cdot 31 \cdot 43$
92	$2^3 \cdot 13 \cdot 73$								
95	$5 \cdot 7^2 \cdot 31$								
97	$71 \cdot 107$								

	8000		8100		8200		8300		8400
0	$2^6 \cdot 5^3$	0	$2^2 \cdot 3^4 \cdot 5^2$	0	$2^3 \cdot 5^2 \cdot 41$	0	$2^2 \cdot 5^2 \cdot 83$	0	$2^4 \cdot 3 \cdot 5^2 \cdot 7$
1	$3^2 \cdot 7 \cdot 127$	3	$3 \cdot 37 \cdot 73$	8	$2^4 \cdot 3^3 \cdot 19$	3	$19^2 \cdot 23$	5	$5 \cdot 41^2$
4	$2^2 \cdot 3 \cdot 23 \cdot 29$	7	$11^2 \cdot 67$	11	$3 \cdot 7 \cdot 17 \cdot 23$	7	$3^2 \cdot 13 \cdot 71$	10	$2 \cdot 5 \cdot 29^2$
8	$2^3 \cdot 7 \cdot 11 \cdot 13$	9	$3^2 \cdot 17 \cdot 53$	14	$2 \cdot 3 \cdot 37^2$	8	$2^2 \cdot 31 \cdot 67$	15	$3^2 \cdot 5 \cdot 11 \cdot 17$
10	$2 \cdot 3^2 \cdot 5 \cdot 89$	12	$2^4 \cdot 3 \cdot 13^2$	15	$5 \cdot 31 \cdot 53$	16	$2^3 \cdot 3^3 \cdot 7 \cdot 11$	18	$2 \cdot 3 \cdot 23 \cdot 61$
19	$3^6 \cdot 11$	13	$7 \cdot 19 \cdot 61$	16	$2^3 \cdot 13 \cdot 79$	19	$3 \cdot 47 \cdot 59$	24	$2^3 \cdot 3^4 \cdot 13$
23	$71 \cdot 113$	18	$2 \cdot 3^2 \cdot 11 \cdot 41$	17	$3^2 \cdot 11 \cdot 83$	20	$2^7 \cdot 5 \cdot 13$	27	$3 \cdot 53^2$
24	$2^3 \cdot 17 \cdot 59$	20	$2^3 \cdot 5 \cdot 7 \cdot 29$	25	$5^2 \cdot 7 \cdot 47$	22	$2 \cdot 3 \cdot 19 \cdot 73$	28	$2^2 \cdot 7^2 \cdot 43$
25	$3 \cdot 5^2 \cdot 107$	25	$5^4 \cdot 13$	28	$2^2 \cdot 11^2 \cdot 17$	23	$7 \cdot 29 \cdot 41$	32	$2^4 \cdot 17 \cdot 31$
29	$7 \cdot 31 \cdot 37$	27	$3^3 \cdot 7 \cdot 43$	32	$2^3 \cdot 3 \cdot 7^3$	25	$3^2 \cdot 5^2 \cdot 37$	36	$2^2 \cdot 3 \cdot 19 \cdot 37$
30	$2 \cdot 5 \cdot 11 \cdot 73$	28	$2^6 \cdot 127$	35	$3^3 \cdot 5 \cdot 61$	30	$2 \cdot 5 \cdot 7^2 \cdot 17$	37	$11 \cdot 13 \cdot 59$
34	$2 \cdot 3 \cdot 13 \cdot 103$	32	$2^2 \cdot 19 \cdot 107$	36	$2^2 \cdot 29 \cdot 71$	42	$2 \cdot 43 \cdot 97$	39	$3 \cdot 29 \cdot 97$
36	$2^2 \cdot 7^2 \cdot 41$	34	$2 \cdot 7^2 \cdot 83$	39	$7 \cdot 11 \cdot 107$	43	$3^4 \cdot 103$	42	$2 \cdot 3^2 \cdot 7 \cdot 67$
37	$3^2 \cdot 19 \cdot 47$	36	$2^3 \cdot 3^2 \cdot 113$	40	$2^4 \cdot 5 \cdot 103$	46	$2 \cdot 3 \cdot 13 \cdot 107$	46	$2 \cdot 41 \cdot 103$
40	$2^3 \cdot 3 \cdot 5 \cdot 67$	37	$79 \cdot 103$	41	$3 \cdot 41 \cdot 67$	49	$3 \cdot 11^2 \cdot 23$	48	$2^8 \cdot 3 \cdot 11$
41	$11 \cdot 17 \cdot 43$	40	$2^2 \cdot 5 \cdot 11 \cdot 37$	45	$5 \cdot 17 \cdot 97$	52	$2^5 \cdot 3^2 \cdot 29$	49	$7 \cdot 17 \cdot 71$
50	$2 \cdot 5^2 \cdot 7 \cdot 23$	42	$2 \cdot 3 \cdot 23 \cdot 59$	46	$2 \cdot 7 \cdot 19 \cdot 31$	60	$2^3 \cdot 5 \cdot 11 \cdot 19$	50	$2 \cdot 5^2 \cdot 13^2$
51	$83 \cdot 97$	48	$2^2 \cdot 3 \cdot 7 \cdot 97$	49	$73 \cdot 113$	62	$2 \cdot 37 \cdot 113$	53	$79 \cdot 107$
52	$2^2 \cdot 3 \cdot 11 \cdot 61$	51	$3 \cdot 11 \cdot 13 \cdot 19$	50	$2 \cdot 3 \cdot 5^3 \cdot 11$	64	$2^2 \cdot 3 \cdot 17 \cdot 41$	55	$5 \cdot 19 \cdot 89$
56	$2^3 \cdot 19 \cdot 53$	60	$2^5 \cdot 3 \cdot 5 \cdot 17$	55	$5 \cdot 13 \cdot 127$	66	$2 \cdot 47 \cdot 89$	60	$2^3 \cdot 3^2 \cdot 5 \cdot 47$
58	$2 \cdot 3 \cdot 17 \cdot 79$	62	$2 \cdot 7 \cdot 11 \cdot 53$	56	$2^6 \cdot 3 \cdot 43$	70	$2 \cdot 3^3 \cdot 5 \cdot 31$	63	$3 \cdot 7 \cdot 13 \cdot 31$
60	$2^2 \cdot 5 \cdot 13 \cdot 31$	65	$5 \cdot 23 \cdot 71$	60	$2^2 \cdot 5 \cdot 7 \cdot 59$	72	$2^2 \cdot 7 \cdot 13 \cdot 23$	64	$2^4 \cdot 23^2$
64	$2^7 \cdot 3^2 \cdot 7$	70	$2 \cdot 5 \cdot 19 \cdot 43$	62	$2 \cdot 3^5 \cdot 17$	74	$2 \cdot 53 \cdot 79$	66	$2 \cdot 3 \cdot 17 \cdot 83$
66	$2 \cdot 37 \cdot 109$	74	$2 \cdot 61 \cdot 67$	65	$3 \cdot 5 \cdot 19 \cdot 29$	75	$5^3 \cdot 67$	68	$2^2 \cdot 29 \cdot 73$
73	$3^3 \cdot 13 \cdot 23$	75	$3 \cdot 5^2 \cdot 109$	68	$2^2 \cdot 3 \cdot 13 \cdot 53$	78	$2 \cdot 59 \cdot 71$	70	$2 \cdot 5 \cdot 7 \cdot 11^2$
75	$5^2 \cdot 17 \cdot 19$	76	$2^4 \cdot 7 \cdot 73$	72	$2^4 \cdot 11 \cdot 47$	79	$3^2 \cdot 7^2 \cdot 19$	75	$3 \cdot 5^2 \cdot 113$
80	$2^4 \cdot 5 \cdot 101$	77	$13 \cdot 17 \cdot 37$	77	$3 \cdot 31 \cdot 89$	81	$17^2 \cdot 29$	80	$2^5 \cdot 5 \cdot 53$
84	$2^2 \cdot 43 \cdot 47$	78	$2 \cdot 3 \cdot 29 \cdot 47$	80	$2^3 \cdot 3^2 \cdot 5 \cdot 23$	82	$2 \cdot 3 \cdot 11 \cdot 127$	84	$2^2 \cdot 3 \cdot 7 \cdot 101$
85	$3 \cdot 5 \cdot 7^2 \cdot 11$	81	$3^4 \cdot 101$	81	$7^2 \cdot 13^2$	83	$83 \cdot 101$	87	$3^2 \cdot 23 \cdot 41$
91	$3^2 \cdot 29 \cdot 31$	84	$2^3 \cdot 3 \cdot 11 \cdot 31$	82	$2 \cdot 41 \cdot 101$	85	$3 \cdot 5 \cdot 13 \cdot 43$	96	$2^4 \cdot 3^2 \cdot 59$
92	$2^2 \cdot 7 \cdot 17^2$	88	$2 \cdot 3 \cdot 23 \cdot 89$	84	$2^2 \cdot 19 \cdot 109$	93	$7 \cdot 11 \cdot 109$		
94	$2 \cdot 3 \cdot 19 \cdot 71$	90	$2 \cdot 3^2 \cdot 5 \cdot 7 \cdot 13$	88	$2^5 \cdot 7 \cdot 37$	95	$5 \cdot 23 \cdot 73$		
96	$2^5 \cdot 11 \cdot 23$	92	2^{13}	94	$2 \cdot 11 \cdot 13 \cdot 29$	98	$2 \cdot 13 \cdot 17 \cdot 19$		
99	$7 \cdot 13 \cdot 89$			95	$3 \cdot 5 \cdot 7 \cdot 79$				
				96	$2^3 \cdot 17 \cdot 61$				

8500		8600		8700		8800		8900	
0	$2^2 \cdot 5^3 \cdot 17$	0	$2^3 \cdot 5^2 \cdot 43$	0	$2^2 \cdot 3 \cdot 5^2 \cdot 29$	0	$2^5 \cdot 5^2 \cdot 11$	0	$2^2 \cdot 5^2 \cdot 89$
2	$2 \cdot 3 \cdot 13 \cdot 109$	1	$3 \cdot 47 \cdot 61$	1	$7 \cdot 11 \cdot 113$	4	$2^2 \cdot 31 \cdot 71$	1	$3^2 \cdot 23 \cdot 43$
5	$3^5 \cdot 5 \cdot 7$	2	$2 \cdot 11 \cdot 17 \cdot 23$	4	$2^9 \cdot 17$	6	$2 \cdot 7 \cdot 17 \cdot 37$	4	$2^3 \cdot 3 \cdot 7 \cdot 53$
9	$67 \cdot 127$	10	$2 \cdot 3 \cdot 5 \cdot 7 \cdot 41$	10	$2 \cdot 5 \cdot 13 \cdot 67$	11	$3^2 \cdot 11 \cdot 89$	6	$2 \cdot 61 \cdot 73$
10	$2 \cdot 5 \cdot 23 \cdot 37$	11	$79 \cdot 109$	12	$2^3 \cdot 3^2 \cdot 11^2$	14	$2 \cdot 3 \cdot 13 \cdot 113$	10	$2 \cdot 3^4 \cdot 5 \cdot 11$
12	$2^6 \cdot 7 \cdot 19$	13	$3^3 \cdot 11 \cdot 29$	15	$3 \cdot 5 \cdot 7 \cdot 83$	15	$5 \cdot 41 \cdot 43$	11	$7 \cdot 19 \cdot 67$
14	$2 \cdot 3^2 \cdot 11 \cdot 43$	14	$2 \cdot 59 \cdot 73$	20	$2^4 \cdot 5 \cdot 109$	16	$2^4 \cdot 19 \cdot 29$	18	$2 \cdot 7^3 \cdot 13$
20	$2^3 \cdot 3 \cdot 5 \cdot 71$	19	$3 \cdot 13^2 \cdot 17$	21	$3^3 \cdot 17 \cdot 19$	20	$2^2 \cdot 3^2 \cdot 5 \cdot 7^2$	24	$2^2 \cdot 23 \cdot 97$
25	$5^2 \cdot 11 \cdot 31$	24	$2^4 \cdot 7^2 \cdot 11$	22	$2 \cdot 7^2 \cdot 89$	27	$7 \cdot 13 \cdot 97$	25	$3 \cdot 5^2 \cdot 7 \cdot 17$
26	$2 \cdot 3 \cdot 7^2 \cdot 29$	25	$3 \cdot 5^3 \cdot 23$	23	$11 \cdot 13 \cdot 61$	29	$3^4 \cdot 109$	27	$79 \cdot 113$
28	$2^4 \cdot 13 \cdot 41$	32	$2^3 \cdot 13 \cdot 83$	29	$7 \cdot 29 \cdot 43$	32	$2^7 \cdot 3 \cdot 23$	28	$2^5 \cdot 3^2 \cdot 31$
32	$2^2 \cdot 3^3 \cdot 79$	33	$89 \cdot 97$	30	$2 \cdot 3^2 \cdot 5 \cdot 97$	33	$11^2 \cdot 73$	30	$2 \cdot 5 \cdot 19 \cdot 47$
33	$7 \cdot 23 \cdot 53$	36	$2^2 \cdot 17 \cdot 127$	32	$2^2 \cdot 37 \cdot 59$	35	$3 \cdot 5 \cdot 19 \cdot 31$	32	$2^2 \cdot 7 \cdot 11 \cdot 29$
36	$2^3 \cdot 11 \cdot 97$	40	$2^6 \cdot 3^3 \cdot 5$	33	$3 \cdot 41 \cdot 71$	36	$2^2 \cdot 47^2$	38	$2 \cdot 41 \cdot 109$
40	$2^2 \cdot 5 \cdot 7 \cdot 61$	43	$3 \cdot 43 \cdot 67$	36	$2^5 \cdot 3 \cdot 7 \cdot 13$	40	$2^3 \cdot 5 \cdot 13 \cdot 17$	44	$2^4 \cdot 13 \cdot 43$
41	$3^2 \cdot 13 \cdot 73$	45	$5 \cdot 7 \cdot 13 \cdot 19$	40	$2^2 \cdot 5 \cdot 19 \cdot 23$	44	$2^2 \cdot 3 \cdot 11 \cdot 67$	46	$2 \cdot 3^2 \cdot 7 \cdot 71$
44	$2^5 \cdot 3 \cdot 89$	48	$2^3 \cdot 23 \cdot 47$	42	$2 \cdot 3 \cdot 31 \cdot 47$	45	$5 \cdot 29 \cdot 61$	54	$2 \cdot 11^2 \cdot 37$
47	$3 \cdot 7 \cdot 11 \cdot 37$	49	$3^2 \cdot 31^2$	45	$3 \cdot 5 \cdot 11 \cdot 53$	48	$2^4 \cdot 7 \cdot 79$	57	$13^2 \cdot 53$
49	$83 \cdot 103$	52	$2^2 \cdot 3 \cdot 7 \cdot 103$	48	$2^2 \cdot 3^7$	50	$2 \cdot 3 \cdot 5^2 \cdot 59$	59	$17^2 \cdot 31$
50	$2 \cdot 3^2 \cdot 5^2 \cdot 19$	58	$2 \cdot 3^2 \cdot 13 \cdot 37$	50	$2 \cdot 5^4 \cdot 7$	55	$5 \cdot 7 \cdot 11 \cdot 23$	60	$2^8 \cdot 5 \cdot 7$
54	$2 \cdot 7 \cdot 13 \cdot 47$	62	$2 \cdot 61 \cdot 71$	55	$5 \cdot 17 \cdot 103$	56	$2^3 \cdot 3^3 \cdot 41$	61	$3 \cdot 29 \cdot 103$
55	$5 \cdot 29 \cdot 59$	64	$2^3 \cdot 3 \cdot 19^2$	60	$2^3 \cdot 3 \cdot 5 \cdot 73$	58	$2 \cdot 43 \cdot 103$	64	$2^2 \cdot 3^3 \cdot 83$
56	$2^2 \cdot 3 \cdot 23 \cdot 31$	67	$3^4 \cdot 107$	63	$3 \cdot 23 \cdot 127$	66	$2 \cdot 11 \cdot 13 \cdot 31$	67	$3 \cdot 7^2 \cdot 61$
60	$2^4 \cdot 5 \cdot 107$	70	$2 \cdot 3 \cdot 5 \cdot 17^2$	69	$3 \cdot 37 \cdot 79$	74	$2 \cdot 3^2 \cdot 17 \cdot 29$	68	$2^3 \cdot 19 \cdot 59$
68	$2^3 \cdot 3^2 \cdot 7 \cdot 17$	71	$13 \cdot 23 \cdot 29$	72	$2^2 \cdot 3 \cdot 17 \cdot 43$	75	$5^3 \cdot 71$	70	$2 \cdot 3 \cdot 5 \cdot 13 \cdot 23$
69	$11 \cdot 19 \cdot 41$	73	$3 \cdot 7^2 \cdot 59$	74	$2 \cdot 41 \cdot 107$	80	$2^4 \cdot 3 \cdot 5 \cdot 37$	76	$2^4 \cdot 3 \cdot 11 \cdot 17$
75	$5^2 \cdot 7^3$	80	$2^3 \cdot 5 \cdot 7 \cdot 31$	75	$3^3 \cdot 5^2 \cdot 13$	81	$83 \cdot 107$	78	$2 \cdot 67^2$
76	$2^7 \cdot 67$	86	$2 \cdot 43 \cdot 101$	78	$2 \cdot 3 \cdot 7 \cdot 11 \cdot 19$	83	$3^3 \cdot 7 \cdot 47$	79	$3 \cdot 41 \cdot 73$
80	$2^2 \cdot 3 \cdot 5 \cdot 11 \cdot 13$	87	$7 \cdot 17 \cdot 73$	84	$2^4 \cdot 3^2 \cdot 61$	88	$2^3 \cdot 11 \cdot 101$	87	$11 \cdot 19 \cdot 43$
84	$2^3 \cdot 29 \cdot 37$	90	$2 \cdot 5 \cdot 11 \cdot 79$	87	$3 \cdot 29 \cdot 101$	90	$2 \cdot 5 \cdot 7 \cdot 127$	88	$2^2 \cdot 3 \cdot 7 \cdot 107$
85	$5 \cdot 17 \cdot 101$	92	$2^2 \cdot 41 \cdot 53$	88	$2^2 \cdot 13^3$	92	$2^2 \cdot 3^2 \cdot 13 \cdot 19$	89	$89 \cdot 101$
86	$2 \cdot 3^4 \cdot 53$	94	$2 \cdot 3^3 \cdot 7 \cdot 23$	89	$11 \cdot 17 \cdot 47$	97	$7 \cdot 31 \cdot 41$	90	$2 \cdot 5 \cdot 29 \cdot 31$
88	$2^2 \cdot 19 \cdot 113$	95	$5 \cdot 37 \cdot 47$	98	$2 \cdot 53 \cdot 83$			91	$3^5 \cdot 37$
91	$11^2 \cdot 71$							93	$17 \cdot 23^2$

9000		9100		9200		9300		9400	
0	$2^3 \cdot 3^2 \cdot 5^3$	0	$2^2 \cdot 5^2 \cdot 7 \cdot 13$	0	$2^4 \cdot 5^2 \cdot 23$	0	$2^2 \cdot 3 \cdot 5^2 \cdot 31$	0	$2^3 \cdot 5^2 \cdot 47$
6	$2 \cdot 3 \cdot 19 \cdot 79$	2	$2 \cdot 3 \cdot 37 \cdot 41$	2	$2 \cdot 43 \cdot 107$	6	$2 \cdot 3^2 \cdot 11 \cdot 47$	1	$7 \cdot 17 \cdot 79$
9	$3^2 \cdot 7 \cdot 11 \cdot 13$	8	$2^2 \cdot 3^2 \cdot 11 \cdot 23$	4	$2^2 \cdot 3 \cdot 13 \cdot 59$	9	$3 \cdot 29 \cdot 107$	5	$3^2 \cdot 5 \cdot 11 \cdot 19$
10	$2 \cdot 5 \cdot 17 \cdot 53$	12	$2^3 \cdot 17 \cdot 67$	7	$3^3 \cdot 11 \cdot 31$	10	$2 \cdot 5 \cdot 7^2 \cdot 19$	8	$2^6 \cdot 3 \cdot 7^2$
16	$2^3 \cdot 7^2 \cdot 23$	14	$2 \cdot 3 \cdot 7^2 \cdot 31$	12	$2^2 \cdot 7^2 \cdot 47$	12	$2^5 \cdot 3 \cdot 97$	9	97^2
17	$71 \cdot 127$	16	$2^2 \cdot 43 \cdot 53$	13	$3 \cdot 37 \cdot 83$	15	$3^4 \cdot 5 \cdot 23$	16	$2^3 \cdot 11 \cdot 107$
20	$2^2 \cdot 5 \cdot 11 \cdot 41$	18	$2 \cdot 47 \cdot 97$	15	$5 \cdot 19 \cdot 97$	17	$7 \cdot 11^3$	17	$3 \cdot 43 \cdot 73$
21	$3 \cdot 31 \cdot 97$	20	$2^5 \cdot 3 \cdot 5 \cdot 19$	16	$2^{10} \cdot 3^2$	22	$2 \cdot 59 \cdot 79$	24	$2^4 \cdot 19 \cdot 31$
24	$2^6 \cdot 3 \cdot 47$	25	$5^3 \cdot 73$	22	$2 \cdot 3 \cdot 29 \cdot 53$	24	$2^2 \cdot 3^2 \cdot 7 \cdot 37$	25	$5^2 \cdot 13 \cdot 29$
25	$5^2 \cdot 19^2$	26	$2 \cdot 3^3 \cdot 13^2$	25	$3^2 \cdot 5^2 \cdot 41$	28	$2^4 \cdot 11 \cdot 53$	30	$2 \cdot 5 \cdot 23 \cdot 41$
27	$3^2 \cdot 17 \cdot 59$	30	$2 \cdot 5 \cdot 11 \cdot 83$	30	$2 \cdot 5 \cdot 13 \cdot 71$	31	$7 \cdot 31 \cdot 43$	34	$2 \cdot 53 \cdot 89$
28	$2^2 \cdot 37 \cdot 61$	35	$3^2 \cdot 5 \cdot 7 \cdot 29$	34	$2 \cdot 3^5 \cdot 19$	33	$3^2 \cdot 17 \cdot 61$	35	$3 \cdot 5 \cdot 17 \cdot 37$
30	$2 \cdot 3 \cdot 5 \cdot 7 \cdot 43$	39	$13 \cdot 19 \cdot 37$	40	$2^3 \cdot 3 \cdot 5 \cdot 7 \cdot 11$	38	$2 \cdot 7 \cdot 23 \cdot 29$	38	$2 \cdot 3 \cdot 11^2 \cdot 13$
40	$2^4 \cdot 5 \cdot 113$	44	$2^3 \cdot 3^2 \cdot 127$	43	$3^2 \cdot 13 \cdot 79$	44	$2^7 \cdot 73$	40	$2^5 \cdot 5 \cdot 59$
44	$2^2 \cdot 7 \cdot 17 \cdot 19$	45	$5 \cdot 31 \cdot 59$	45	$5 \cdot 43^2$	45	$3 \cdot 5 \cdot 7 \cdot 89$	43	$7 \cdot 19 \cdot 71$
45	$3^3 \cdot 5 \cdot 67$	50	$2 \cdot 3 \cdot 5^2 \cdot 61$	46	$2 \cdot 3 \cdot 23 \cdot 67$	48	$2^2 \cdot 3 \cdot 19 \cdot 41$	47	$3 \cdot 47 \cdot 67$
47	$83 \cdot 109$	52	$2^6 \cdot 11 \cdot 13$	48	$2^5 \cdot 17^2$	50	$2 \cdot 5^2 \cdot 11 \cdot 17$	50	$2 \cdot 3^3 \cdot 5^2 \cdot 7$
48	$2^3 \cdot 3 \cdot 13 \cdot 29$	53	$3^4 \cdot 113$	50	$2 \cdot 5^3 \cdot 37$	60	$2^4 \cdot 3^2 \cdot 5 \cdot 13$	55	$5 \cdot 31 \cdot 61$
52	$2^2 \cdot 31 \cdot 73$	56	$2^2 \cdot 3 \cdot 7 \cdot 109$	51	$11 \cdot 29^2$	61	$11 \cdot 23 \cdot 37$	60	$2^2 \cdot 5 \cdot 11 \cdot 43$
61	$13 \cdot 17 \cdot 41$	59	$3 \cdot 43 \cdot 71$	56	$2^3 \cdot 13 \cdot 89$	67	$17 \cdot 19 \cdot 29$	62	$2 \cdot 3 \cdot 19 \cdot 83$
63	$3^2 \cdot 19 \cdot 53$	63	$7^2 \cdot 11 \cdot 17$	61	$3^3 \cdot 7^3$	72	$2^2 \cdot 3 \cdot 11 \cdot 71$	64	$2^3 \cdot 7 \cdot 13^2$
64	$2^3 \cdot 11 \cdot 103$	64	$2^2 \cdot 29 \cdot 79$	65	$5 \cdot 17 \cdot 109$	73	$7 \cdot 13 \cdot 103$	71	$3 \cdot 7 \cdot 11 \cdot 41$
65	$5 \cdot 7^2 \cdot 37$	65	$3 \cdot 5 \cdot 13 \cdot 47$	66	$2 \cdot 41 \cdot 113$	74	$2 \cdot 43 \cdot 109$	72	$2^8 \cdot 37$
72	$2^4 \cdot 3^4 \cdot 7$	67	$89 \cdot 103$	69	$13 \cdot 23 \cdot 31$	75	$3 \cdot 5^5$	76	$2^2 \cdot 23 \cdot 103$
75	$3 \cdot 5^2 \cdot 11^2$	76	$2^3 \cdot 31 \cdot 37$	70	$2 \cdot 3^2 \cdot 5 \cdot 103$	79	$83 \cdot 113$	77	$3^6 \cdot 13$
78	$2 \cdot 3 \cdot 17 \cdot 89$	77	$3 \cdot 7 \cdot 19 \cdot 23$	71	$73 \cdot 127$	80	$2^2 \cdot 5 \cdot 7 \cdot 67$	80	$2^3 \cdot 3 \cdot 5 \cdot 79$
85	$5 \cdot 23 \cdot 79$	80	$2^2 \cdot 3^3 \cdot 5 \cdot 17$	72	$2^3 \cdot 19 \cdot 61$	81	$3 \cdot 53 \cdot 59$	83	$3 \cdot 29 \cdot 109$
86	$2 \cdot 7 \cdot 11 \cdot 59$	84	$2^5 \cdot 7 \cdot 41$	75	$5^2 \cdot 7 \cdot 53$	84	$2^3 \cdot 3 \cdot 17 \cdot 23$	86	$2 \cdot 3^2 \cdot 17 \cdot 31$
88	$2^7 \cdot 71$	91	$7 \cdot 13 \cdot 101$	80	$2^6 \cdot 5 \cdot 29$	86	$2 \cdot 13 \cdot 19^2$	90	$2 \cdot 5 \cdot 13 \cdot 73$
90	$2 \cdot 3^2 \cdot 5 \cdot 101$	96	$2^2 \cdot 11^2 \cdot 19$	82	$2 \cdot 3 \cdot 7 \cdot 13 \cdot 17$	93	$3 \cdot 31 \cdot 101$	92	$2^2 \cdot 3 \cdot 7 \cdot 113$
95	$5 \cdot 17 \cdot 107$	98	$2 \cdot 3^2 \cdot 7 \cdot 73$	88	$2^3 \cdot 3^3 \cdot 43$	94	$2 \cdot 7 \cdot 11 \cdot 61$	94	$2 \cdot 47 \cdot 101$
				92	$2^2 \cdot 23 \cdot 101$	96	$2^2 \cdot 3^4 \cdot 29$	99	$7 \cdot 23 \cdot 59$
				95	$5 \cdot 11 \cdot 13^2$	98	$2 \cdot 37 \cdot 127$		
				96	$2^4 \cdot 7 \cdot 83$				

9500		9600		9700		9800		9900	
0	$2^2 \cdot 5^3 \cdot 19$	0	$2^7 \cdot 3 \cdot 5^2$	0	$2^2 \cdot 5^2 \cdot 97$	0	$2^3 \cdot 5^2 \cdot 7^2$	0	$2^2 \cdot 3^2 \cdot 5^2 \cdot 11$
3	$13 \cdot 17 \cdot 43$	3	$3^2 \cdot 11 \cdot 97$	1	$89 \cdot 109$	1	$3^4 \cdot 11^2$	6	$2 \cdot 3 \cdot 13 \cdot 127$
4	$2^5 \cdot 3^3 \cdot 11$	4	$2^2 \cdot 7^4$	2	$2 \cdot 3^2 \cdot 7^2 \cdot 11$	2	$2 \cdot 13^2 \cdot 29$	11	$11 \cdot 17 \cdot 53$
6	$2 \cdot 7^2 \cdot 97$	5	$5 \cdot 17 \cdot 113$	9	$7 \cdot 19 \cdot 73$	4	$2^2 \cdot 3 \cdot 19 \cdot 43$	12	$2^3 \cdot 3 \cdot 7 \cdot 59$
12	$2^3 \cdot 29 \cdot 41$	10	$2 \cdot 5 \cdot 31^2$	11	$3^2 \cdot 13 \cdot 83$	5	$5 \cdot 37 \cdot 53$	16	$2^2 \cdot 37 \cdot 67$
14	$2 \cdot 67 \cdot 71$	12	$2^2 \cdot 3^3 \cdot 89$	15	$5 \cdot 29 \cdot 67$	10	$2 \cdot 3^2 \cdot 5 \cdot 109$	18	$2 \cdot 3^2 \cdot 19 \cdot 29$
16	$2^2 \cdot 3 \cdot 13 \cdot 61$	14	$2 \cdot 11 \cdot 19 \cdot 23$	17	$3 \cdot 41 \cdot 79$	21	$7 \cdot 23 \cdot 61$	19	$7 \cdot 13 \cdot 109$
20	$2^4 \cdot 5 \cdot 7 \cdot 17$	20	$2^2 \cdot 5 \cdot 13 \cdot 37$	18	$2 \cdot 43 \cdot 113$	23	$11 \cdot 19 \cdot 47$	20	$2^6 \cdot 5 \cdot 31$
22	$2 \cdot 3^2 \cdot 23^2$	25	$5^3 \cdot 7 \cdot 11$	20	$2^3 \cdot 3^5 \cdot 5$	26	$2 \cdot 17^3$	22	$2 \cdot 11^2 \cdot 41$
23	$89 \cdot 107$	28	$2^2 \cdot 29 \cdot 83$	24	$2^2 \cdot 11 \cdot 13 \cdot 17$	28	$2^2 \cdot 3^3 \cdot 7 \cdot 13$	28	$2^3 \cdot 17 \cdot 73$
25	$3 \cdot 5^2 \cdot 127$	30	$2 \cdot 3^2 \cdot 5 \cdot 107$	28	$2^9 \cdot 19$	31	$3 \cdot 29 \cdot 113$	33	$3 \cdot 7 \cdot 11 \cdot 43$
37	$3 \cdot 11 \cdot 17^2$	32	$2^5 \cdot 7 \cdot 43$	29	$3^2 \cdot 23 \cdot 47$	40	$2^4 \cdot 3 \cdot 5 \cdot 41$	36	$2^4 \cdot 3^3 \cdot 23$
40	$2^2 \cdot 3^2 \cdot 5 \cdot 53$	33	$3 \cdot 13^2 \cdot 19$	35	$3 \cdot 5 \cdot 11 \cdot 59$	42	$2 \cdot 7 \cdot 19 \cdot 37$	40	$2^2 \cdot 5 \cdot 7 \cdot 71$
41	$7 \cdot 29 \cdot 47$	35	$5 \cdot 41 \cdot 47$	37	$7 \cdot 13 \cdot 107$	44	$2^2 \cdot 23 \cdot 107$	44	$2^3 \cdot 11 \cdot 113$
45	$5 \cdot 23 \cdot 83$	36	$2^2 \cdot 3 \cdot 11 \cdot 73$	44	$2^4 \cdot 3 \cdot 7 \cdot 29$	49	$3 \cdot 7^2 \cdot 67$	45	$3^2 \cdot 5 \cdot 13 \cdot 17$
46	$2 \cdot 3 \cdot 37 \cdot 43$	38	$2 \cdot 61 \cdot 79$	47	$3^3 \cdot 19^2$	55	$3^3 \cdot 5 \cdot 73$	47	$7^3 \cdot 29$
48	$2^2 \cdot 7 \cdot 11 \cdot 31$	39	$3^4 \cdot 7 \cdot 17$	50	$2 \cdot 3 \cdot 5^3 \cdot 13$	56	$2^7 \cdot 7 \cdot 11$	51	$3 \cdot 31 \cdot 107$
55	$3 \cdot 5 \cdot 7^2 \cdot 13$	46	$2 \cdot 7 \cdot 13 \cdot 53$	52	$2^3 \cdot 23 \cdot 53$	58	$2 \cdot 3 \cdot 31 \cdot 53$	54	$2 \cdot 3^2 \cdot 7 \cdot 79$
58	$2 \cdot 3^4 \cdot 59$	48	$2^4 \cdot 3^2 \cdot 67$	58	$2 \cdot 7 \cdot 17 \cdot 41$	60	$2^2 \cdot 5 \cdot 17 \cdot 29$	60	$2^3 \cdot 3 \cdot 5 \cdot 83$
59	$11^2 \cdot 79$	52	$2^2 \cdot 19 \cdot 127$	60	$2^5 \cdot 5 \cdot 61$	67	$3 \cdot 11 \cdot 13 \cdot 23$	63	$3^5 \cdot 41$
68	$2^5 \cdot 13 \cdot 23$	56	$2^3 \cdot 17 \cdot 71$	65	$3^2 \cdot 5 \cdot 7 \cdot 31$	70	$2 \cdot 3 \cdot 5 \cdot 7 \cdot 47$	64	$2^2 \cdot 47 \cdot 53$
70	$2 \cdot 3 \cdot 5 \cdot 11 \cdot 29$	57	$3^2 \cdot 29 \cdot 37$	68	$2^3 \cdot 3 \cdot 11 \cdot 37$	75	$5^3 \cdot 79$	68	$2^4 \cdot 7 \cdot 89$
76	$2^3 \cdot 3^2 \cdot 7 \cdot 19$	60	$2^2 \cdot 3 \cdot 5 \cdot 7 \cdot 23$	75	$5^2 \cdot 17 \cdot 23$	77	$7 \cdot 17 \cdot 83$	71	$13^2 \cdot 59$
79	$3 \cdot 31 \cdot 103$	72	$2^3 \cdot 3 \cdot 13 \cdot 31$	76	$2^4 \cdot 13 \cdot 47$	79	$3 \cdot 37 \cdot 89$	75	$3 \cdot 5^2 \cdot 7 \cdot 19$
81	$11 \cdot 13 \cdot 67$	75	$3^2 \cdot 5^2 \cdot 43$	79	$7 \cdot 11 \cdot 127$	80	$2^3 \cdot 5 \cdot 13 \cdot 19$	76	$2^3 \cdot 29 \cdot 43$
83	$7 \cdot 37^2$	76	$2^2 \cdot 41 \cdot 59$	82	$2 \cdot 67 \cdot 73$	82	$2 \cdot 3^4 \cdot 61$	82	$2 \cdot 7 \cdot 23 \cdot 31$
85	$3^3 \cdot 5 \cdot 71$	80	$2^4 \cdot 5 \cdot 11^2$	85	$5 \cdot 19 \cdot 103$	88	$2^5 \cdot 3 \cdot 103$	84	$2^8 \cdot 3 \cdot 13$
88	$2^2 \cdot 3 \cdot 17 \cdot 47$	82	$2 \cdot 47 \cdot 103$	90	$2 \cdot 5 \cdot 11 \cdot 89$	89	$11 \cdot 29 \cdot 31$	90	$2 \cdot 3^3 \cdot 5 \cdot 37$
92	$2^3 \cdot 11 \cdot 109$	90	$2 \cdot 3 \cdot 5 \cdot 17 \cdot 19$	92	$2^6 \cdot 3^2 \cdot 17$	90	$2 \cdot 5 \cdot 23 \cdot 43$	91	$97 \cdot 103$
94	$2 \cdot 3^2 \cdot 13 \cdot 41$	96	$2^5 \cdot 3 \cdot 101$	94	$2 \cdot 59 \cdot 83$	94	$2 \cdot 3 \cdot 17 \cdot 97$	96	$2^2 \cdot 3 \cdot 7^2 \cdot 17$
95	$5 \cdot 19 \cdot 101$	99	$3 \cdot 53 \cdot 61$	96	$2^2 \cdot 31 \cdot 79$	98	$2 \cdot 7^2 \cdot 101$	99	$3^2 \cdot 11 \cdot 101$
				97	$97 \cdot 101$			100	$2^4 \cdot 5^4$
				98	$2 \cdot 3 \cdot 23 \cdot 71$				

Tabelle 4. Wechselrädertafel.
Maschinen-Steigung = 6 mm.

Steigung in mm	a	b	c	d	Anzahl d. Gänge auf 1″ engl.
0,25	25	125	25	120	60
0,3	25	125	30	120	50
0,35	25	125	35	120	40
0,4	25	125	40	120	32
0,45	25	125	45	120	28
0,5	25	125	50	120	24
0,55	25	125	55	120	22
0,6	25	75	30	100	20
0,7	25	75	35	100	19
0,75	30	60	25	100	18
0,8	25	75	40	100	16
0,9	25	75	45	100	14
1,0	30	90	60	120	12
1,1	40	100	55	120	11
1,125	25	60	45	100	10
1,2	30	90	60	100	9
1,25	30	90	75	120	8
1,3	40	100	65	120	7
1,4	30	90	70	100	6
1,5	50	100	60	120	$5\frac{1}{2}$
1,6	40	90	60	100	—
1,75	35	60	50	100	5
1,8	35	75	60	100	4
2,0	80	40	30	120	—
2,2	55	90	60	100	3
2,25	25	40	60	100	—
2,4	30	50	80	120	$2\frac{1}{2}$
2,5	50	90	75	100	—
2,75	25	55	30	100	$2\frac{1}{4}$
2,8	40	60	70	100	2
3,0	50	—	—	100	—
3,2	60	90	80	100	—
3,5	50	60	70	100	$1\frac{1}{2}$
4	60	—	—	90	—
4,5	50	60	90	100	
4,75	50	60	95	100	
5	75	—	—	90	1
5,5	50	30	55	100	
6	80	40	50	100	
6,5	65	30	50	100	
7	70	30	50	100	
8	80	30	50	100	
9	90	30	50	100	
9,5	95	30	50	100	
10	75	30	80	120	
11	110	30	50	100	
12	100	25	60	120	
14	105	30	80	120	
15	75	45	90	60	
16	60	45	100	50	

Steigung in engl. Zoll	a	b	c	d
—	25	105	40	135
	25	125	55	130
	25	90	40	105
$\frac{1}{32}$	25	90	50	105
	25	70	55	130
	25	65	55	120
	40	120	75	130
	40	90	50	105
	50	95	55	130
	50	90	55	130
$\frac{1}{16}$	25	90	100	105
	50	70	55	130
	50	65	55	120
	50	65	60	120
	50	90	80	105
	50	65	55	90
$\frac{1}{8}$	50	90	100	105
	75	65	55	105
	55	65	75	90
	60	65	100	120
$\frac{3}{16}$	50	70	100	90
	80	90	100	105
$\frac{1}{4}$	80	90	125	105
$\frac{5}{16}$	50	45	125	105
	55	65	125	75
$\frac{3}{8}$	50	45	100	70
	100	45	80	105
$\frac{7}{16}$	50	30	100	90
	100	65	110	90
$\frac{1}{2}$	80	45	125	105
$\frac{9}{16}$	80	60	125	70
$\frac{5}{8}$	75	30	90	85
	100	60	110	65
$\frac{11}{16}$	80	60	120	55
$\frac{3}{4}$	80	30	125	105
$\frac{7}{8}$	80	30	125	90
1	100	40	110	65
$1\frac{1}{8}$	80	30	125	70
$1\frac{1}{4}$	110	40	125	65
$1\frac{3}{8}$	80	30	120	55
$1\frac{1}{2}$	80	45	125	85
$1\frac{3}{4}$	75	30	110	40
2	110	25	120	65

Steigung in π mm (Modul)	a	b	c	d
0,25	40	110	45	125
0,5	40	55	45	125
0,75	60	55	45	125
1	90	55	45	125
1,25	45	55	100	125
1,5	45	45	120	125
1,75	70	55	90	125
2	80	55	90	125
2,25	85	55	90	125
2,5	80	50	90	110
2,75	80	50	90	100
3	90	55	120	125
3,25	90	55	130	125
3,5	(59)	50	90	55
3,75	60	50	90	55
4	97	57	80	65
4,5	72	50	90	55
5	80	50	90	55
5,5	80	50	90	50
6	(58)	40	130	60
7	72	25	70	55
8	64	25	90	55
9	96	50	135	55

Tabelle 5. Wechselrädertafel.
Maschinen-Steigung = 12 mm.

Steigung in mm	a	b	c	d	Anzahl d. Gänge auf 1'' engl.	Steigung in engl. Zoll	a	b	c	d	Steigung in π mm (Modul)	a	b	c	d
0,5	25	125	25	120	60		20	105	25	135	0,5	40	110	45	125
0,6	25	125	30	120	50		20	105	30	135	0,75	30	55	45	125
0,7	25	125	35	120	40		20	90	25	105	1	40	55	45	125
0,75	25	100	30	120	32	$\frac{1}{32}$	25	90	25	105	1,25	50	55	45	125
0,8	25	125	40	120	25		25	125	55	130	1,5	60	55	45	125
0,85	25	100	(34)	120	20	—	25	90	40	105	1,75	70	55	45	125
0,9	25	125	45	120	16		25	90	50	105	2	80	55	45	125
1	25	100	40	120	14	$\frac{1}{16}$	25	70	55	130	2,25	90	55	45	125
1,1	25	125	55	120	12		25	65	55	120	2,5	100	55	45	125
1,125	25	100	45	120	11		40	120	75	130	2,75	110	55	45	125
1,2	30	100	40	120	10		40	90	50	105	3	120	55	45	125
1,25	25	100	50	120	$9\frac{1}{2}$		50	95	55	130	3,25	65	55	90	125
1,3	25	125	65	120	9		50	90	55	130	3,5	70	55	90	125
1,4	25	125	70	120	8		25	90	100	105	3,75	75	55	90	125
1,5	30	100	50	120	7	$\frac{1}{8}$	50	70	55	130	4	80	55	90	125
1,6	40	125	50	120	6		50	65	55	120	4,25	85	55	90	125
1,75	25	60	35	100	$5\frac{1}{2}$		50	65	60	120	4,5	90	55	90	125
1,8	30	75	35	100	—	$\frac{3}{16}$	50	90	75	105	5	100	55	90	125
2	30	90	60	120	5		50	90	80	105	5,5	110	55	90	125
2,2	40	100	55	120	$4\frac{1}{2}$		50	65	55	90	6	120	55	90	125
2,25	45	100	50	120	4	$\frac{1}{4}$	50	90	100	105	7	97	57	70	65
2,375	25	100	95	120	$3\frac{1}{2}$		75	65	55	105	8	97	57	80	65
2,4	30	60	40	100	—	$\frac{5}{16}$	50	90	125	105	9	90	50	72	55
2,5	25	60	50	100	3		55	65	75	90	10	100	50	72	55
2,75	25	60	55	100	—	$\frac{3}{8}$	50	70	100	90	12	120	50	72	55
2,8	35	60	40	100	$2\frac{1}{2}$		80	90	100	105					
3	35	70	50	100		$\frac{7}{16}$	125	75	50	90					
3,2	40	70	50	100	2	$\frac{1}{2}$	80	90	125	105					
3,5	35	60	50	100	—	$\frac{9}{16}$	75	60	100	105					
4	40	60	50	100		$\frac{5}{8}$	50	45	125	105					
4,5	45	60	50	100	$1\frac{1}{2}$		55	65	125	75					
4,75	25	60	95	100	—	$\frac{3}{4}$	50	45	100	70					
5	75	90	50	100	1	1	80	45	125	105					
5,5	55	60	50	100		$1\frac{1}{4}$	100	45	125	105					
6	50	—	—	100		$1\frac{1}{2}$	80	45	125	70					
6,5	65	60	50	100		$1\frac{3}{4}$	100	45	125	70					
7	70	60	50	100		2	100	40	110	65					
8	60	45	50	100											
9	60	40	50	100											
9,5	95	60	50	100											
10	75	45	50	100											
11	75	45	55	100											
12	75	45	60	100											
14	70	30	50	100											
15	75	30	50	100											
16	60	40	80	90											
17	85	—	—	60											
18	90	—	—	60											

Tabelle 6. Wechselrädertafel.
Maschinen-Steigung = $^1/_4''$ engl. oder 4 Gang auf 1''.

Wechselräder bei Steigung in englischem Zoll:

Anzahl d. Gänge auf 1" engl.	Steigung in engl. Zoll	a	b	c	d
64	$\frac{1}{64}$	25	100	30	120
60	$\frac{1}{60}$	25	105	35	125
48	$\frac{1}{48}$	25	100	35	105
40	$\frac{1}{40}$	25	100	50	125
32	$\frac{1}{32}$	25	100	60	120
28	$\frac{1}{28}$	30	105	50	100
24	$\frac{1}{24}$	30	90	50	100
20	$\frac{1}{20}$	40	100	50	100
19	$\frac{1}{19}$	40	95	50	100
18	$\frac{1}{18}$	40	90	50	100
16	$\frac{1}{16}$	25	—	—	100
14	$\frac{1}{14}$	30	—	—	105
12	$\frac{1}{12}$	30	—	—	90
11	$\frac{1}{11}$	40	—	—	110
10	$\frac{1}{10}$	40	—	—	100
9	$\frac{1}{9}$	40	—	—	90
8	$\frac{1}{8}$	40	—	—	80
7	$\frac{1}{7}$	40	—	—	70
6	$\frac{1}{6}$	40	—	—	60
—	$\frac{3}{16}$	60	—	—	80
5	$\frac{1}{5}$	40	—	—	50
4,5	—	40	—	—	45
4	$\frac{1}{4}$	40	80	100	50
3,5	—	40	70	100	50
—	$\frac{5}{16}$	50	—	—	40
3	$\frac{1}{3}$	80	—	—	60
—	$\frac{3}{8}$	60	—	—	40
2,5	—	80	—	—	50
—	$\frac{7}{16}$	70	—	—	40
2	$\frac{1}{2}$	80	—	—	40
—	$\frac{9}{16}$	90	—	—	40
—	$\frac{5}{8}$	100	—	—	40
1,5	—	80	—	—	30
—	$\frac{11}{16}$	110	—	—	40
—	$\frac{3}{4}$	120	—	—	40
—	$\frac{7}{8}$	105	60	100	50
1	1	90	45	100	50
—	$1\frac{1}{8}$	90	40	100	50
—	$1\frac{1}{4}$	100	40	90	45
—	$1\frac{3}{8}$	110	40	90	45
—	$1\frac{1}{2}$	120	40	90	45
—	$1\frac{5}{8}$	130	40	90	45
—	$1\frac{3}{4}$	105	45	120	40
—	$1\frac{7}{8}$	100	40	120	40
0,5	2	120	45	105	35

Wechselräder bei Steigung in mm bzw. in π mm (Modul):

Steigung in mm	Steigung in π mm (Modul)	a	b	c	d	a	b	c	d
0,25	—	25	125	25	127	—	—	—	—
0,3	—	25	125	30	127	—	—	—	—
0,35	—	25	125	35	127	—	—	—	—
0,4	—	25	125	40	127	—	—	—	—
0,45	—	25	125	45	127	—	—	—	—
0,5	—	25	125	50	127	—	—	—	—
0,55	—	25	125	55	127	—	—	—	—
0,6	—	25	125	60	127	—	—	—	—
0,7	—	25	125	70	127	—	—	—	—
0,75	—	25	125	75	127	—	—	—	—
0,8	—	25	125	80	127	35	100	45	125
0,85	—	25	125	85	127	—	—	—	—
0,9	—	25	125	90	127	—	—	—	—
1	—	25	125	100	127	35	80	45	125
1,1	—	25	125	110	127	—	—	—	—
1,2	—	25	125	120	127	—	—	—	—
1,25	—	25	—	—	127	35	80	45	100
1,3	—	40	100	65	127	—	—	—	—
1,4	—	40	100	70	127	—	—	—	—
1,5	—	30	—	—	127	—	—	—	—
1,75	—	35	—	—	127	—	—	—	—
2	—	40	—	—	127	35	80	90	125
2,5	—	50	—	—	127	35	80	90	100
3	—	60	—	—	127	45	80	105	125
3,5	—	70	—	—	127	—	—	—	—
4	—	80	—	—	127	70	80	90	125
4,5	—	90	—	—	127	—	—	—	—
5	—	80	40	50	127	70	50	45	80
5,5	—	80	40	55	127	—	—	—	—
6	—	80	40	60	127	45	125	105	40
6,5	—	100	50	65	127	—	—	—	—
7	—	100	50	70	127	105	80	105	125
8	—	100	50	80	127	45	125	105	30
10	—	100	40	80	127	70	80	90	50
12	—	120	40	80	127	90	125	105	40
—	0,5	30	75	60	97	25	80	95	120
—	0,75	45	75	60	97	25	80	95	80
—	1	40	50	60	97	50	80	95	120
—	1,25	60	—	—	97	—	—	—	—
—	1,5	90	75	60	97	75	80	95	120
—	1,75	70	50	60	97	—	—	—	—
—	2	80	50	60	97	50	80	95	60
—	2,25	90	50	60	97	75	80	95	80
—	2,5	100	50	60	97	125	80	95	120
—	2,75	110	50	60	97	—	—	—	—
—	3	120	50	60	97	75	80	95	60
—	3,5	120	50	70	97	—	—	—	—
—	4	120	25	40	97	100	80	95	60
—	4,5	120	25	45	97	75	80	95	40
—	5	120	25	50	97	125	80	95	60
—	6	120	25	60	97	100	40	95	80
—	7	120	25	70	97	—	—	—	—
—	8	120	25	80	97	100	40	95	60
—	9	120	25	90	97	75	40	95	40
—	10	120	25	100	97	125	40	95	60

Tabelle 7. Wechselrädertafel.
Maschinen-Steigung = $1/_2''$ engl. oder 2 Gang auf $1''$.

Englische Steigungen:

Anzahl d. Gänge auf 1" engl.	Steigung in engl. Zoll	a	b	c	d
40	—	30	120	25	125
32	$1/_{32}$	30	120	25	100
28	—	30	105	25	100
24	—	30	105	35	120
20	—	30	105	35	100
19	—	30	105	35	95
18	—	30	90	40	120
16	$1/_{16}$	30	100	50	120
14	—	30	100	50	105
12	—	40	100	50	120
11	—	40	100	50	110
10	—	40	90	45	100
9	—	40	100	50	90
8	$1/_8$	30	—	—	120
7	—	30	—	—	105
6	—	30	—	—	90
—	$3/_{16}$	30	—	—	80
5	—	40	—	—	100
4,5	—	40	—	—	90
4	$1/_4$	40	—	—	80
3,5	—	40	—	—	70
—	$5/_{16}$	50	—	—	80
3	—	60	—	—	90
—	$3/_8$	60	—	—	80
2,5	—	60	—	—	75
—	$7/_{16}$	70	—	—	80
2	$1/_2$	40	80	100	50
—	$9/_{16}$	90	—	—	80
—	$5/_8$	100	—	—	80
1,5	—	80	—	—	60
—	$11/_{16}$	110	—	—	80
—	$3/_4$	120	—	—	80
—	$7/_8$	105	—	—	60
1	1	100	—	—	50
—	$1 1/_8$	90	—	—	40
—	$1 1/_4$	100	—	—	40
—	$1 3/_8$	110	—	—	40
—	$1 1/_2$	120	—	—	40
—	$1 5/_8$	130	—	—	40
—	$1 3/_4$	70	50	100	40
—	$1 7/_8$	75	50	100	40
0,5	2	80	50	100	40
—	$2 1/_4$	90	50	100	40
—	$2 1/_2$	100	45	90	40
—	$2 3/_4$	110	50	100	40
—	3	120	50	100	40

Metrische Steigungen und Modul-Steigungen:

Steigung in mm	Steigung in π mm (Modul)	a	b	c	d	a	b	c	d
0,5	—	25	125	25	127	—	—	—	—
0,6	—	25	125	30	127	—	—	—	—
0,7	—	25	125	35	127	—	—	—	—
0,75	—	25	100	30	127	—	—	—	—
0,8	—	25	125	40	127	—	—	—	—
0,9	—	25	125	45	127	—	—	—	—
1	—	25	125	50	127	—	—	—	—
1,1	—	25	125	55	127	—	—	—	—
1,2	—	25	125	60	127	—	—	—	—
1,25	—	25	100	50	127	—	—	—	—
1,3	—	25	125	65	127	—	—	—	—
1,4	—	25	125	70	127	—	—	—	—
1,5	—	25	125	75	127	—	—	—	—
1,75	—	25	100	70	127	—	—	—	—
2	—	25	100	80	127	35	80	45	125
2,5	—	25	—	—	127	35	80	45	100
3	—	30	—	—	127	—	—	—	—
3,5	—	35	—	—	127	—	—	—	—
4	—	40	—	—	127	35	80	90	125
4,5	—	45	—	—	127	—	—	—	—
5	—	50	—	—	127	35	80	90	100
5,5	—	55	—	—	127	—	—	—	—
6	—	60	—	—	127	45	80	105	125
6,5	—	65	—	—	127	—	—	—	—
7	—	70	—	—	127	—	—	—	—
8	—	80	—	—	127	70	80	90	125
10	—	80	40	50	127	70	50	45	80
12	—	80	40	60	127	105	40	45	125
—	0,5	40	100	30	97	—	—	—	—
—	0,75	45	75	30	97	—	—	—	—
—	1	40	50	30	97	25	80	95	120
—	1,25	30	—	—	97	—	—	—	—
—	1,5	30	50	60	97	25	80	95	80
—	1,75	35	50	60	97	—	—	—	—
—	2	40	50	60	97	50	80	95	120
—	2,25	45	50	60	97	—	—	—	—
—	2,5	60	—	—	97	—	—	—	—
—	2,75	55	50	60	97	—	—	—	—
—	3	90	75	60	97	75	80	95	120
—	3,5	70	50	60	97	—	—	—	—
—	4	80	50	60	97	50	80	95	60
—	4,5	90	50	60	97	75	80	95	80
—	5	120	—	—	97	125	80	95	120
—	6	120	50	60	97	75	80	95	60
—	7	120	50	70	97	—	—	—	—
—	8	120	50	80	97	100	80	95	60
—	9	120	25	45	97	75	80	95	40
—	10	120	25	50	97	125	80	95	60
—	12	120	25	60	97	100	40	95	80